CES BELLES INTELLIGENCES

Grands singes et dauphins

Maddalena Bearzi
Présidente de l'*Ocean Conservation Society*
Chargée de cours à l'Université de Californie, Los Angeles

Craig B. Stanford
Professeur d'anthropologie et de biologie
à l'université de Californie du Sud, Los Angeles

Traduit par Pierre Kaldy

DUNOD

L'édition originale de l'ouvrage a été publiée sous le titre :
Beautiful Minds, the parallel lives of great apes and dolphins
par Harvard University Press.

Illustration de couverture : Fotolia
Chimpanzé : © Norma Cornes
Dauphins : © Jose Manuel Gelpi Diaz

ISBN 978-2-10-052396-2

Introduction

L'un a des mains comparables aux nôtres et les utilisera habilement pour manipuler un outil, effectuer avec soin la toilette d'un proche ou se faire comprendre avec la langue des signes ; l'autre n'a tout simplement pas de mains. Si l'un nous ressemble plus ou moins, l'autre a le corps profilé d'un missile de croisière. Si le premier se balance d'un arbre à l'autre dans les forêts africaines, le second plonge dans les eaux froides de l'océan. Les grands singes et les dauphins semblent n'avoir que peu de choses en commun. Ils vivent dans des univers radicalement différents et seule la dissection de leurs organes peut révéler des traits communs. Ce sont dans les deux cas des Mammifères, mais à la parenté lointaine. Il faut remonter près de 100 millions en arrière pour leur trouver un ancêtre commun. Un gorille et un dauphin sont à peu près aussi proches qu'une souris et un éléphant.

Pourtant delphinidés et grands singes – et par extension nous-mêmes – partagent des caractéristiques frappantes et d'une grande importance. Ces trois groupes – les différentes espèces de dauphins, les quatre espèces de grands singes et nous – sont dotés des meilleurs cerveaux présents aujourd'hui sur terre. Avec tout le respect que nous pouvons avoir pour d'autres animaux également bien pourvus tels les éléphants, ce sont les cétacés et les primates de haut rang qui arrivent en tête du point de vue cérébral. Nous sommes très intelligents au regard des millions d'autres espèces habitant sur cette planète. Nous vivons dans des sociétés complexes et souvent changeantes qui échappent au classement facilement applicable à la plupart des autres animaux. Les deux types d'animaux abordés dans ce livre ont évolué en parallèle, illustrant ce que les biologistes appellent une évolution convergente. Cela peut échapper de prime abord à l'observateur mais de nombreuses recherches n'ont cessé de l'étayer.

C'est pour cette raison que nous avons écrit ce livre. Bien que nombre de livres aient été consacrés aux dauphins et aux grands singes, peu d'ouvrages les ont considérés comme proches du point de vue de leur évolution, ce qui ne saute pas aux yeux. Tous les deux, Craig Stanford le primatologue et Maddalena Bearzi la spécialiste des dauphins, avons cependant senti que l'humanité avait quelques leçons à tirer des surprenants parallèles que l'on peut faire entre ces deux groupes de Mammifères. Nous avons décidé d'écrire ce livre à la première personne, de sorte que chacun de nous puisse s'exprimer au nom de l'animal qu'il observe depuis toujours.

Quelle que soit la définition de l'intelligence, les grands singes et les dauphins viennent juste derrière les humains en terme de capacité cérébrale. La taille de leur cerveau est énorme comparée à celle de leur corps. Cela leur a permis de développer un don pour communiquer ainsi que des interactions sociales d'une telle complexité que nous commençons à peine à les comprendre. À la différence de la plupart des autres animaux, ils ont tendance à vivre dans des sociétés souples et ouvertes, où les relations entre individus reposent sur une bonne mémoire de qui est l'ami de qui et qui est redevable à qui.

Cette combinaison entre intelligence et complexité sociale est extrêmement rare. Elle se trouve aujourd'hui sur Terre essentiellement dans deux grandes lignées : les cétacés (dauphins et baleines) et les grands singes (chimpanzés, bonobos, gorilles et orangs-outans). Dans ce livre, nous suggérons que différents parallèles entre ces deux lignées peuvent nous aider à mieux comprendre ce que cela signifie d'être humain. Après tout, notre complexité sociale est bien la plus grande sur cette planète, et peut-être même de tout l'Univers. Nous partageons avec les grands singes pratiquement tout notre bagage évolutif, dont un intellect qui est à la base identique au leur. Les dauphins ont de leur côté une histoire entièrement distincte ; leur volumineux cerveau a évolué au cours d'une histoire sans aucun rapport avec la nôtre. Mais nous verrons dans ce livre que l'explication de leur intelligence et de leur complexité sociale présente des parallèles avec l'évolution des grands singes et donc la nôtre.

Les grands singes

Ils se tiennent à quelques mètres comme des bouddhas qui s'ennuient, les sourcils en bataille surmontant des yeux de braise. Il y en a de beaux et virils, d'autres plus jeunes et quelques-uns bien âgés et tout râpés, un peu à l'image de la foule qui m'entoure dans le zoo. Un chimpanzé mâle d'une saisissante beauté se toilette seul, royal au milieu d'autres plus jeunes. Une vieille femelle, Pandora, au corps usé se distingue par une large protubérance rose sur son postérieur. Je trouve cela franchement hideux mais l'attraction que Pandora exerce sur les mâles semble bien plus forte que toutes les considérations esthétiques humaines, et elle les excite partout où elle passe.

La barrière vitrée qui nous sépare paraît d'abord destinée à nous protéger des singes mais je sais qu'il y a une autre raison : elle est aussi là pour les mettre à l'abri de visiteurs malades. Les chimpanzés peuvent attraper pratiquement toutes nos maladies, car celles qui ont évolué pour nous attaquer n'ont qu'un tout petit pas à faire pour gagner ces animaux si proches de nous. Avec des milliers de personnes le nez collé chaque jour à la vitre qui veulent rentrer en communication avec l'âme d'un singe, les chimpanzés sans protection ressemblent aux dernières tribus à la merci des germes apportés par des missionnaires bien intentionnés.

Le zoo a fait de gros efforts pour sensibiliser le public au triste sort des chimpanzés, à leur statut d'espèce menacée en

Afrique, au rythme avec lequel ils sont pourchassés pour nourrir des gens alors que leur habitat, la forêt, disparaît à la vitesse des tronçonneuses, à une rapidité incroyable qui élimine en un instant des millions d'années d'évolution. Mais ce matin le message semble perdu pour les visiteurs du zoo qui essayent juste d'entrer en relation avec un singe.

L'un des enfants qui espèrent se glisser dans la peau d'un singe est Adam, mon fils. Il regarde par la fenêtre qui nous sépare des chimpanzés puis se tourne vers moi. Il a, à sept ans, la même taille qu'eux. Il est fasciné par tous les primates, parce que tout le monde l'est naturellement mais aussi parce que son père en parle toujours ou s'envole souvent vers de lointaines contrées pour les étudier. Il a récemment été cité dans un article de journal sur mon travail avec les chimpanzés : le journaliste, en voyant Adam en train de regarder comme aujourd'hui les singes dans le zoo, avait trouvé là une accroche irrésistible pour démarrer son papier.

L'idée qu'Adam se fait de notre relation aux chimpanzés est simple mais précise : nous sommes eux et ils sont nous. Adam sait que les gens sont « descendus » des singes il y a très, très longtemps. Comme beaucoup d'enfants, il sait tout des dinosaures et imagine sans peine qu'il y a eu par le passé des myriades d'animaux sur Terre totalement différents de ceux d'aujourd'hui. Ce sont les adultes qui refusent de reconnaître la continuité entre les singes et nous. Adam voit bien que les chimpanzés ne sont pas des primates comme les autres, même si c'est ce que pensent apparemment la plupart des gens qui visitent le zoo. Les chimpanzés sont, en fait, bien plus proches des hommes qu'ils ne le sont des gorilles à l'aspect hirsute et aux grosses arcades sourcilières.

Ces chimpanzés, nés et élevés au zoo, semblent presque domestiqués. Leur physique de culturiste tranche sur celui de leurs congénères sauvages. À l'âge de quatre ans, ils ont déjà la taille de ceux de dix ans dans la nature. Avec une alimentation abondante et soignée, leur croissance se fait à une vitesse surprenante et leurs muscles deviennent visibles bien plus tôt. Les chimpanzés des zoos diffèrent de leurs cousins en liberté sur de nombreux autres points, notamment par les liens qu'ils établissent entre eux.

Les chimpanzés sauvages ont beau être plus petits, ils ont une force énorme. J'ai vu des mâles briser de jeunes arbres pour faire leurs parades de « macho » face à d'autres mâles. Un jour, un individu particulièrement belliqueux a cassé un arbre au-dessus de moi pour tenter de m'intimider. Cela a marché. Autant les mâles peuvent chercher à faire peur, autant les femelles sont des mères aimantes et dévouées. Elles exercent néanmoins leur propre pouvoir, se liguant parfois contre des mâles agressifs. Et pourtant, malgré leur puissance, je suis toujours impressionné par la retenue que montrent la plupart des chimpanzés. Ils réservent leur force pour les rares fois où c'est vraiment nécessaire. Presque toute leur vie se déroule de manière pacifique à cueillir des fruits, à se faire la toilette entre eux et à dormir. Ce n'est que durant une toute petite fraction de leur vie qu'ils font étalage de leur force brute.

Les chimpanzés sont l'une des quatre espèces de grands singes avec les bonobos, les gorilles et les orangs-outans. Leur anatomie est si proche de la nôtre que nous appartenons en fait à la même famille taxonomique. La seule raison pour laquelle nous ne sommes pas officiellement classés dans le même groupe qu'eux est la bigoterie du Suédois Charles Linné, à l'origine de la manière actuelle de classer les êtres vivants. Les grands singes et nous partageons un ancêtre commun qui a vécu il y a plusieurs millions d'années. Puis les groupes ont divergé. Nos ancêtres directs ont fini par se tenir vraiment debout et par marcher, leur cerveau s'est développé et une intelligence complexe a vu le jour. Les grands singes nous offrent donc un aperçu de ce que nous fûmes il n'y pas si longtemps.

Jane Goodall entame sa célèbre étude des chimpanzés sauvages en 1960 et ce n'est qu'à partir des années 1970 qu'une vision un peu plus claire de la société des chimpanzés se dessine. La complexité de leurs comportements sociaux est telle qu'il a fallu près de deux décennies pour commencer à comprendre le fonctionnement de leurs sociétés. Et maintenant, après un demi-siècle de recherches, de grosses lacunes subsistent encore. Les chimpanzés sont intelligents et pleins de ressources. Ils ressentent la même gamme d'émotions que nous : en les observant dans la nature, je les ai vus manifester de la crainte, de l'agressivité, et de l'attention, mais aussi de la culpabilité, de la honte et de l'amour. Ce n'est pas là de l'anthropomorphisme, simplement le fait que, vu notre parenté, nous pouvons a priori supposer que les grands singes sont animés des mêmes émotions que nous.

Les grands singes vivent dans les forêts tropicales d'Afrique ou d'Asie. Leur sort actuel dans la nature est si terrible avec la perte de leur habitat, le braconnage pour leur viande ou les effets de rares épidémies virales, qu'ils pourraient bien disparaître complètement au cours de notre génération. On estime qu'il reste aujourd'hui entre 200 000 et 250 000 grands singes, pour la plupart des chimpanzés, et leur nombre est en chute libre. Tant qu'ils sont là nous avons encore beaucoup à apprendre d'eux, pour peu que nous sachions les observer et les écouter.

Dans quelle mesure sommes-nous génétiquement proches des grands singes ? Selon certaines estimations, nos ADN ne diffèrent que sur moins de 1 % de leur séquence. Après le séquençage plus ou moins complet de notre génome, les biologistes moléculaires se sont maintenant attelés à celui du chimpanzé. Une fois ce travail terminé, ils pourront commencer à comprendre non seulement le pourcentage de similarité entre les deux génomes mais à étudier aussi les gènes dont les fonctions diffèrent. Nous commençons à peine à déchiffrer ce code.

Les dauphins

Dans les eaux froides des océans fusent des torpilles intelligentes. Si les hommes et les singes sont cousins, les dauphins sont en revanche de lointains parents. Nous sommes – les dauphins et nous – des Mammifères, nous nous occupons de nos bébés, nous avons des poils (précieuse rareté chez le dauphin) et de gros cerveaux, nous vivons au sein de sociétés complexes. Pourtant, par certains côtés, les dauphins s'écartent autant de nous que le ferait n'importe quelle créature extraterrestre. Leur monde est marin, pas terrestre, et ils sillonnent leur territoire grâce à leur sonar plutôt que par la vue. Ce n'est pas la gravité mais leur aptitude à glisser dans l'eau qui a modelé leur corps et leurs activités. Là où l'on s'attend à voir des pattes, il y a des nageoires. Leur communication sonore, par des clics et des sifflements, nous est au plus haut point étrangère.

Il y a peu, nous observions mes enfants et moi des dauphins faire des cabrioles dans un grand aquarium. Une beauté, mélange habile de grâce et de force, se dégageait d'eux. Alors que, face à un chimpanzé, un enfant voit immédiatement le rapport avec l'homme, cela ne va pas de soi face à un dauphin. « Quel est l'animal le plus proche de lui ? » demande mon fils. Il sait que ce sont des Mammifères et pas des poissons. Sa question est plutôt : « D'où viennent-ils ? » Elle ne se pose pas pour un grand singe parce que nous connaissons déjà la réponse. Nous sommes issus de grands singes et ceux-ci viennent d'autres singes, tout simplement. Mais les dauphins ? Quand je commence à parler de dauphins et de baleines ayant évolué sur des milliers de générations à partir d'animaux qui marchaient sur terre il y a des millions d'années, je peux voir mon enfant écarquiller les yeux pour essayer d'imaginer la chose. Il ne la rejette pas, comme le feraient des personnes sous une certaine influence théologique, mais c'est un peu trop abstrait pour lui à ce stade. En regardant un chimpanzé, il faut peu de choses en revanche pour voir que son histoire a aussi été la nôtre jusqu'à très récemment. Les indices les plus récents fournis par les fossiles et l'ADN indiquent que nos chemins se sont séparés il y a environ 6 millions d'années ; depuis, d'autres hominidés ont vécu, de Lucy aux Néandertaliens.

Les dauphins, eux, sont des parents bien éloignés. Bien des qualités que nous considérons comme humaines et retrouvons chez les grands singes paraissent manquer aux dauphins. La gamme de nos expressions faciales, par exemple, si révélatrices de ce que nous pensons, n'a pour équivalent que le semblant de sourire figé du dauphin. Notre corps pourvu de membres et à l'aise dans l'espace contraste avec la charpente profilée et toute en longueur du dauphin. On ne peut trouver deux espèces qui s'expriment aussi différemment. Beaucoup de sons produits par le dauphin, même parmi ceux que nous pouvons entendre, proviennent non du larynx mais des profondeurs du crâne.

Fotolia © Jose Manuel Gelpi Diaz

Nous avons passé beaucoup de temps au cours de notre vie à observer les animaux que nous décrivons, Craig Stanford en étudiant les grands singes, Maddalena Bearzi, les dauphins. Ces animaux nous fascinent et nous semblent très proches. Nous espérons vous convaincre que comprendre les parallèles existant entre eux est un moyen puissant de plonger à l'origine de la qualité la plus humaine que nous ayons : notre intellect.

I
Une éternelle fascination

Il est six heures du soir. L'aquarium est maintenant fermé au public et je reste seule à attendre un ami qui est en réunion. Un employé me glisse que je peux faire un tour pendant une demi-heure. Parmi les bassins où l'on peut voir des méduses, des requins ou des tortues, mon regard est attiré par un hublot donnant sur le monde aquatique de Miko et Mara, un couple de vieux dauphins. Leur espace semble vide et silencieux.

Soudain, je distingue une masse grise qui remonte lentement. Le nez collé à la vitre, je m'efforce de suivre ses mouvements fluides, le regard baissé au point de presque me faire mal. D'un coup, un œil curieux me fixe, à quelques centimètres du mien. Quelques secondes. Puis, comme s'il ne s'était jamais rien passé, le dauphin poursuit sa remontée en surface et disparaît dans l'eau sombre. Le cœur battant, j'essuie la buée de la vitre dans l'espoir d'une autre rencontre.

Puis le dauphin revient. C'est Mara. Je peux voir son sexe quand elle se rapproche de ma petite fenêtre. Cette fois, elle prend son temps, examine mon visage, si différent du leur, si étranger. Elle le fait d'un œil, puis de l'autre, tournant dans une sorte de danse circulaire en apesanteur. Un intense frisson me parcourt le dos. À trois, quatre, cinq reprises, nous nous dévisageons encore et encore, à la fois si proches et si lointains avec cette vitre au milieu. Quand j'entends crier mon nom, c'est mon ami qui m'appelle, je reviens à la réalité. Sa réunion est terminée et il est prêt à partir. Je m'écarte à regret du hublot et me retourne pour partir. En m'éloignant, je peux sentir le regard de Mara qui accompagne chacun de mes pas, jusqu'à ce que je disparaisse derrière les portes de l'aquarium.

Je ne sais toujours pas ce qui m'a le plus frappé : son triste regard qui me fixait droit dans les yeux, son mystérieux « sourire » ou ce ballet harmonieux et léthargique. Je ne me rappelle plus si c'est à ce moment-là ou à un autre que je décidai de devenir une biologiste de terrain, mais je sais que je me suis sentie en totale harmonie avec ce dauphin et que j'ai soudain réalisé combien son monde était limité. Ce dont je me souviens vraiment est d'avoir eu alors la ferme conviction que les dauphins avaient le droit de posséder un habitat à eux.

Ma brève rencontre avec Mara n'est qu'une anecdote de plus parmi tant d'histoires et de légendes qui en disent long sur les dauphins, ces animaux à la fois si intelligents, beaux, curieux, sensibles et joueurs. Depuis l'aube de l'humanité, les hommes ont été fascinés par ces Mammifères marins secrets, à la mystérieuse vie sous-marine. Pour nous, ils ont quelque chose d'inexplicable, avec leur vie et leur monde à eux.

Des traces de ce lien magique entre les humains et les dauphins existent, gravées dans les grottes préhistoriques des Pyrénées. Dans l'ancienne Égypte, on devait les respecter. Chez les Grecs, le meurtre d'un dauphin était considéré comme un sacrilège envers les dieux, un acte horrible et perfide, punissable de mort.

Pour décrire leurs « compagnons de la mer », les Grecs utilisaient des mots tels qu'intelligence, conscience et compassion. Le philosophe Plutarque les considérait comme les seuls animaux qui recherchent l'amitié pour des raisons purement altruistes. Les mythes grecs décrivent bien cette fascination pour les dauphins : le dieu soleil Apollon prit la forme d'un dauphin lorsqu'il fonda son oracle à Delphes sur les pentes du mont Parnasse. Orion fut sauvé de la noyade par un dauphin sociable et emmené au ciel sur son dos. Il y a aussi Dionysos, le dieu du vin et de la liesse, qui fut du voyage sur un bateau allant de l'île d'Ikaria à celle de Naxos. L'équipage était en fait une bande de pirates qui se faisaient passer pour des marchands mais dont le plan secret était de capturer les passagers pour les revendre comme esclaves. Lorsque Dionysos découvre leur conspiration, il utilise ses pouvoirs divins pour les punir : le mât se met à porter des branches, les avirons deviennent des serpents et un étrange air de flûte se met à résonner. Pour échapper à ce délire de la divinité, les pirates se jettent à l'eau et le dieu de la mer Poséidon les change alors en dauphins, leur ordonnant de servir à jamais l'humanité.

Un siècle plus tard, Pline l'Ancien, le philosophe romain, raconte l'histoire d'un fils de paysan vivant près du rivage méditerranéen qui se lie d'amitié avec Simo, un dauphin solitaire. Un jour, l'animal prend le jeune enfant sur dos pour lui faire faire une partie de son trajet vers l'école. Mais le garçon se sent mal et meurt. À sa mort et dans les jours qui suivent, Simo retourne à l'endroit où ils se retrouvaient jusqu'à ce qu'il meure lui aussi de chagrin. L'histoire de Simo fait partie des innombrables légendes narrant l'amitié entre des enfants et des dauphins qui avaient cours au temps de l'Empire romain. Comme les Grecs, les Romains étaient aussi fascinés par ces animaux.

Ce sont quelques récits parmi tant d'autres qui m'ont fait veiller tard la nuit durant mon adolescence, époque où je voulais toujours en savoir plus sur ces merveilleux dauphins quasiment magiques. Histoire après histoire, légende après légende, mes rêves se peuplaient de dieux, de mers et de dauphins, où parfois je me retrouvais parmi eux.

La relation mystique entretenue avec ces Mammifères marins foisonne dans les cultures grecque et latine ; d'autres traditions à travers le monde ont aussi honoré les dauphins et les baleines, et sont encore bien présentes aujourd'hui. Parmi les folklores les plus merveilleux, on peut compter celui des aborigènes d'Australie où se perpétue depuis des milliers d'années une communication avec les dauphins de l'océan Indien. Un sorcier les appelle puis leur parle par télépathie et ce lien permet de garantir bonne fortune et bonheur à la tribu.

Tout aussi envoûtants sont les contes venant des rives du fleuve Amazone, au Brésil, où des tribus croient que le boto, une espèce locale de dauphin d'eau douce, a le pouvoir de les transformer en beaux jeunes hommes pour qu'ils puissent séduire les femmes lors des fêtes et cérémonies. Cette croyance est tellement bien ancrée en eux que certains enfants dans la tribu sont considérés comme la progéniture de ces animaux.

Il est difficile d'établir une limite entre ce qui est légende et réalité lorsque vient se mêler au récit la fascination des hommes pour les dauphins. Les histoires abondent d'animaux venant au secours de naufragés, protégeant des nageurs contre des requins, prenant des enfants sur leur dos. Les dauphins sont devenus nos sauveurs dans l'art, la poésie et la littérature sans oublier la télévision. Qui peut oublier Flipper le dauphin (ou plutôt l'un des cinq dauphins qui le jouaient), si gentil et vigilant, offrant son amitié à l'homme et défendant la bonne cause ? Même les dauphins peuvent devenir des stars à Hollywood.

Certaines légendes ne s'avèrent pas si éloignées que ça de la réalité, notamment celles qui rapportent les échanges entre des dauphins solitaires et les hommes. Ces derniers temps, ils ont été de plus en plus fréquents. Prenons un exemple : dans le port italien de Manfredonia, vit Filippo, un grand dauphin mâle sociable. Il passe son temps à nager près de son bateau préféré à quai ou à jouer dans le sillage d'autres navires allant et venant dans le port. Filippo est tout sauf actif. Contrairement à ses congénères sauvages toujours en quête de nourriture sur de vastes espaces, il mène une vie oisive à attraper des poissons faciles dans le port et à se masturber contre les canots gonflables. Mais ce qu'il aime par-dessus tout c'est interagir avec l'homme, surtout les femmes qu'il approche en sollicitant une forme de contact sexuel. Avec les hommes, Filippo préfère jouer au « macho », devenant parfois un peu agressif et susceptible, battant de son rostre lorsqu'il devient anxieux. Filippo est l'un des exemples les plus significatifs de la relation homme-dauphin. Qu'on le veuille ou non, il est facile de voir des similarités entre son comportement de dauphin et le nôtre.

Quelques années après ma première rencontre avec Mara dans un aquarium italien, j'ai finalement pu retrouver les dauphins. Cette fois-ci, c'était chez eux. J'étais devenue une scientifique qui, en travaillant en mer avec eux, vivait tous les jours sa plus grande passion. J'ai passé des heures, des jours et des années à observer leur comportement, à suivre leurs mouvements, à enregistrer leurs sons. Cela m'a appris qu'ils n'étaient pas des génies à la grosse tête, ni des sorciers ou des philosophes comme on peut en rencontrer dans les contes, mais plutôt de très curieux animaux sociaux, complexes et flexibles, parfaitement adaptés à la vie en mer, une vie encore peu comprise et pleine de secrets. Plus j'en savais sur eux, plus je devenais sceptique sur toutes ces histoires qui décrivent les dauphins comme se liant volontairement aux gens. Plus j'en ai appris sur eux, plus j'ai réalisé combien la relation entre les hommes et les dauphins sociaux n'avait pas toujours été aussi naturelle que je le pensais. Aujourd'hui plus que jamais, il faut faire la part des choses dans ce qui nous unit à ces animaux.

Il est vrai que les dauphins sont sociaux par nature. Mais il est aussi vrai qu'ils n'acceptent pas toujours bien le contact physique avec les hommes et que leur existence tout comme leur lieu de vie doivent être aussi respectés que les nôtres. Ma vision de scientifique et mon affection pour ces animaux faisaient que je ne ressentais pas ce besoin de contact physique que nous humains imposons aux êtres qui nous paraissent remplir les critères d'une personne. Ceci m'avait permis d'en finir avec le chapitre des histoires d'humains et de dauphins qui avaient peuplé mon adolescence… jusqu'à ce qu'arrive un froid matin d'hiver.

À l'époque, j'allais étudier chaque semaine un groupe de dauphins au large de Los Angeles. Ce matin-là, mes dauphins « de la ville » chassaient sans trop d'entrain à plusieurs centaines de mètres du rivage. Je prenais des photos pour identifier les membres du groupe, essayant d'avoir des clichés nets de leur nageoire dorsale. C'est une méthode utilisée par beaucoup de cétologues – les scientifiques qui étudient les cétacés – pour reconnaître les individus. Un peu comme une empreinte digitale, la nageoire dorsale d'un dauphin permet de l'identifier par les entailles et les cicatrices qu'elle porte.

Depuis que j'avais commencé à étudier ces animaux, ils n'avaient jamais semblé prêter attention à ma présence, profitant souvent de la vague de proue créée par mon bateau pour la chevaucher, se comportant de façon naturelle sans tenir compte de l'intruse que j'étais. Cela me plaisait de penser que, d'une certaine manière, mon embarcation et ses chercheurs bardés d'appareils photos, de micros et d'ordinateurs faisaient désormais partie de leur décor quotidien.

Il faisait froid ce matin-là. Nous étions dans la brume et les dauphins allaient et venaient du nord au sud, s'arrêtant par moments pour de courtes plongées de surveillance. J'étais en train de suivre leur activité : ils avaient encerclé un gros banc de sardines juste au large de la digue de Malibu. Les poissons étaient savamment pris au piège par un « filet » de neuf dauphins en formation serrée. Ils avaient à peine commencé à se nourrir que soudain l'un d'eux sortit brusquement du cercle et partit vers le large à toute allure. En un instant, les autres dauphins le rejoignirent, abandonnant leurs proies sur le champ. Ce comportement était tout à fait curieux de la part de mes dauphins. D'habitude ils faisaient des allers et retours très près de la plage, prenant le temps de consommer entièrement leur banc de poissons tout en venant parfois, comme des amas de grosses bouées, tourner en surface. S'arrêter ainsi brusquement au milieu de leur repas et prendre une autre direction était plutôt bizarre.

Intriguée, j'abandonnai aussi le banc de poissons encore visible de la surface et accélérai face aux vagues pour rejoindre les dauphins. Nous étions à environ cinq kilomètres de la côte lorsque les dauphins s'arrêtèrent subitement et formèrent un grand cercle. C'est alors que l'un de mes assistants aperçut, flottant au milieu des dauphins, un corps inerte avec une longue chevelure blonde. Franchissant le cercle, je rapprochai le bateau jusqu'à la jeune fille et lui demandai si elle allait bien, mais elle nous regardait sans répondre. Je décidai de la hisser à bord. Lorsque nous nous rapprochâmes, elle nous fit un léger signe du bras qui semblait être un appel à l'aide. Elle était pâle et avait les lèvres bleues quand nous la montâmes, inerte et tout habillée, sur le bateau. Nous appelâmes par radio le secours maritime qui nous dit de ne toucher à rien avant leur arrivée. Nous n'en fîmes rien et la débarrassâmes de ses vêtements mouillés pour essayer ensuite de la réchauffer avec des couvertures et nos corps. Au sortir de l'eau, elle était en hypothermie. Puis elle commença enfin à nous répondre. Quand nous prîmes la direction du port je constatai que les dauphins avaient disparu.

Plus tard, à l'hôpital, un médecin me précisa que c'était une Allemande en vacances à Los Angeles. Elle avait dix-huit ans et s'était éloignée de la côte dans l'intention évidente de se suicider. Lorsque nous l'avions trouvée, elle avait tous ses documents d'identité et de voyage dans un plastique noué autour du cou. Il contenait aussi une lettre décrivant probablement les raisons de son geste. Le médecin me dit d'ailleurs qu'elle serait sûrement morte si nous ne l'avions pas repêchée. Les dauphins, et la manière dont nous l'avions trouvée, me revinrent alors à l'esprit.

Pure coïncidence ? Peut-être. Mais parfois je repense à cette froide journée, à cette fille pâle et perdue au milieu de l'océan retrouvée par nous (ou par les dauphins ?) pour une raison que j'ignore. Mon tiroir d'adolescente plein d'anecdotes et de légendes est bien refermé ; pourtant après cette froide matinée, ma fascination reste intacte.

Qu'est-ce qui nous rend les dauphins si sympathiques ? Je me pose souvent la question. C'est parfois dur de rester strictement scientifique et de rejeter le modèle laissé par les Grecs dans l'Antiquité d'une créature intelligente, consciente et capable de compatir. Et il semble aussi difficile de ne pas voir les nombreuses similitudes entre dauphins et humains. Ils paraissent bien proches de nous par leurs liens familiaux, le soin et l'éducation qu'ils apportent à leurs petits, leur culture, leur politique, leur structure sociale et même leur capacité à être sensibles ou émus. Et ils peuvent, comme nous, éprouver de la peur, du plaisir ou de la douleur.

Comment pourrais-je oublier l'expression déchirante de Mara prisonnière entre les quatre murs de son aquarium ? Était-ce juste mon imagination qui attribuait à son comportement léthargique et plein d'amertume le souvenir de sa vie passée sans barrières ni limites dans le grand océan ? Suffoquait-elle dans les eaux confinées de son bassin ? Ses compagnons lui manquaient-ils ? Ou essayais-je juste d'humaniser ce dauphin et ce qu'il ressentait ?

Et que penser de Filippo, de ses sentiments parfois trop passionnés pour notre espèce ? Est-ce qu'ils sont aussi le fruit de l'imagination d'une scientifique ? Ou son comportement ne traduirait-il pas plutôt ses tentatives de reporter sur ses amis bipèdes terrestres les émotions qu'il éprouve normalement pour ses proches ?

La communication est un autre aspect important de ce qui nous fascine chez les dauphins. Je ne peux pas me rappeler le nombre de fois où l'on m'a demandé : « Est-ce qu'on peut leur parler ? » Cette idée vient probablement des expériences que fit un excentrique, un artiste nommé John Lilly, avec des dauphins en captivité. Lilly pensait que les dauphins possédaient un cerveau très développé et des capacités linguistiques avancées. Son travail a captivé le public dans les années 1960 et ses livres sont devenus des best-sellers. Il croyait que les hommes et les dauphins pouvaient communiquer et il cherchait comment leur trouver un langage commun. Le travail de Lilly fut suffisamment convainquant ou/et notre désir bien humain d'y croire assez fort pour que devienne courante l'idée de dauphins capables de communiquer. Maintenant, nous pouvons croire ce que nous voulons à ce sujet, l'histoire des dauphins qui parlent demeure, notamment pour les enfants, l'une des histoires les plus merveilleuses sur terre.

Notre fascination pour les dauphins vient peut-être aussi de leur propension à jouer, ce qui est bien propre à séduire les enfants que nous demeurons toujours. Les dauphins semblent ravis de jouer avec leurs compagnons ou les objets qu'ils rencontrent. On peut souvent les voir s'amuser avec des balles ou, dans la nature, avec des sacs plastiques ou des algues. Ils peuvent jeter un poisson en l'air avec leur rostre puis le reprendre plusieurs fois, comme s'ils étaient en train de faire les pitres, ou se lancer dans des séries de sauts acrobatiques, de brusques revirements, des bonds synchrones ou spectaculaires. Ils sont aussi capables de taquiner une tortue en lui tirant la queue ou d'imiter le mouvement d'un petit requin en ondulant leur corps. La joie semble contagieuse chez les dauphins.

Notre fascination pour les dauphins peut aussi provenir de la forme particulière de leur bouche qui nous paraît comme un sourire indéfectible, même s'il peut parfois cacher un animal perturbé ou en colère. Ils peuvent, comme nous, s'irriter et devenir imprévisibles. Notre Filippo à l'air amical, par exemple, recherche par-dessus tout le contact humain mais peut parfois tomber dans une humeur ronchonne, montrer son ennui et même mordre. Dans ces moments, malgré son « sourire », il n'est ni heureux ni amical.

Peut-être sommes-nous attirés par la puissance de leur corps si bien profilé, capable de filer dans l'eau comme des voitures de course sur une belle route dégagée ? Ou est-ce seulement que la curiosité du dauphin ressemble tellement à celle, innocente, d'un enfant ?

Ou peut-être est-ce dû à leur monde qui paraît si différent du nôtre, cet océan en trois dimensions où ils semblent vivre en parfaite harmonie. Si vous avez déjà vu un dauphin bondir de l'eau ou surfer sur les vagues près du rivage, vous êtes peut-être resté abasourdi par sa capacité à se déplacer presque sans efforts dans un milieu qui nous est si étranger. En mer, ce que nous faisons paraît bien limité en comparaison.

Peut-être, finalement, que notre fascination pour les dauphins ne se rattache pas vraiment à quelque chose en particulier. Elle pourrait n'être qu'à la mesure de ce que nous ne comprenons pas encore.

Presque comme nous

Le gorille en face de moi a pris la pose comme le penseur de Rodin, le menton appuyé sur une main. Il se tient tranquillement à l'ombre dans la forêt où se détache son large dos noir. Ruchina est un jeune adulte mâle, dont le torse commence à peine à blanchir. Il n'est qu'à quelques mètres de moi, ayant décidé de faire sa pause de midi à cet endroit. Il est arrivé en fanfare il y a quelques minutes, chargeant à travers les feuillages, traînant un arbrisseau et le cassant en deux, avant de venir se reposer comme une locomotive en fin de course. Le reste du groupe est à une cinquantaine de mètres et croque joyeusement une salade de jeunes pousses. Le matin est toujours chaud dans cette forêt africaine, et rester à l'ombre est la meilleure solution à la fois pour les gorilles et ceux qui les étudient.

Ruchina est un peu un marginal, quoiqu'il l'ait cherché. En approchant de l'adolescence, il a commencé à se démarquer de Zeus, le vieux du groupe. Puis il a pris peu à peu ses distances avec le groupe jusqu'à se retrouver dans cet état, suivant les autres à la manière d'un enfant qui veut son indépendance mais reste en fin de compte psychologiquement attaché à ses parents. Il est frustré à la fois du peu d'attention que lui portent les femelles et de son manque de statut dans la vie en général. C'est la raison pour laquelle nous devons faire attention à lui, parce que Ruchina est susceptible de passer sa colère sur les gens qui sont autour de lui. Aujourd'hui, il s'est libéré de son énergie négative en détruisant tout simplement un petit arbre.

Assis près de nous, jetant de temps à autre un œil dans notre direction, il paraît le calme même. Mais cela peut changer en un instant si quelqu'un bouge trop vite ou va dans la direction qu'il voulait prendre. Nous restons donc à l'observer et à l'admirer avec soin. Tous ceux qui se retrouvent assis près d'un grand singe et le regardent dans les yeux doivent se poser la même question. Qu'est-ce qu'il comprend ? Qu'est-ce qui lui passe par la tête ? Nous oscillons entre pensées anthropomorphiques au sujet des qualités quasi humaines de ces singes et refus dans le même temps de leurs capacités intellectuelles. Et cela parce qu'ils sont toujours une boîte noire pour notre intellect. Des travaux fascinants nous ouvrent un peu cette boîte, comme nous le verrons. Ces travaux, s'ils sont bien interprétés, éclaireront d'un jour entièrement nouveau l'intelligence et la cognition des gorilles ainsi que des autres grands singes.

Notre ignorance à leur sujet et les liens que nous partageons avec eux ont nourri l'admiration que nous leur portons et guidé une grande part des travaux qui leur ont été consacrés jusqu'à présent. Tandis que l'essentiel de la vie des dauphins se cache sous les vagues, c'est dans des forêts bien trop reculées pour être explorées jusqu'il y a peu que sont réfugiés les grands singes. Et dans l'histoire, nous avons passé une bonne part du temps à nier le fait que nous étions les plus proches parents l'un de l'autre. Richard Owen, un paléontologue connu du milieu du XIXe siècle, voulait placer les humains dans une classe entièrement différente de celle des grands singes. C'était comme de décider que les chevaux et les zèbres ne devaient pas être considérés comme proches parce que ces derniers sont rayés. Owen était motivé par la conviction religieuse que les êtres humains et les grands singes ne pouvaient avoir un ancêtre commun récent. En revanche, c'est après avoir vu un orang-outan au zoo de Londres, qu'un célèbre contemporain d'Owen, Charles Darwin, écrivit ironiquement que « l'amour et l'empathie » chez l'homme devaient plus ressortir d'un instinct très ancien que d'une qualité spécifiquement humaine.

Même un siècle plus tard, le degré de parenté entre les hommes et les grands singes était encore mis en doute et largement méconnu. Beaucoup de scientifiques se sont longtemps fiés aux fossiles pour affirmer que l'ancêtre commun remontait à plus de 15 millions d'années. Puis, à la fin des années 1960, le biochimiste Allan Wilson et Vincent Sarich, un étudiant en anthropologie de l'université de Californie à Berkeley, ont comparé les systèmes immunitaires de l'homme et des grands singes. Ils ont réussi à mettre en relation la force de liaison de certains anticorps avec la distance évolutive séparant les deux espèces. Leur conclusion fut que le dernier ancêtre commun à l'homme et aux grands singes ne datait que de 5 millions d'années. L'idée d'une telle proximité dans le temps indigna beaucoup de gens dans la communauté scientifique, sans parler du grand public. Pourtant, comme le confirmèrent des recherches génétiques, Wilson et Sarich avaient bien raison. Nos cousins et nous descendons d'une même espèce qui a vécu il y a quelques millions d'années.

Les chimpanzés sont des êtres familiers à tout le monde. Ils nous permettent de nous faire une idée de ce à quoi ressemblaient nos ancêtres il y a des millions d'années. Ce sont nos cousins, après tout. Ils vivent à peu près aussi longtemps que nous, jusqu'à 60 ans en captivité et 45 ans dans la nature. Les étapes de leur vie sont presque identiques aux nôtres : une enfance de plusieurs années, vécue dans la dépendance, et une puberté atteinte peu après les 10 ans. Les femelles commencent à donner des petits vers l'âge de 15 ans, après une gestation de 8 mois, et cela à peu près tous les quatre à cinq ans pendant le reste de leur vie.

Ce sont aussi des cousins pour nous car ils nous ressemblent beaucoup physiquement si l'on oublie leur pelage et leur marche à quatre pattes. Plus stupéfiantes encore que les ressemblances physiques, il y a les ressemblances psychologiques, sociales et émotionnelles. Les grands singes ont, autant que l'on sache, les mêmes besoins psychosociaux que les enfants. Ils peuvent apprendre un langage, mais seulement s'ils sont élevés dans un environnement social adapté, entourés d'amour et d'attention, car leur développement dépend, tout comme celui des enfants, de leurs besoins émotionnels.

Pendant des siècles, l'humanité a considéré les grands singes soit comme des héros, soit comme des ennemis ou des victimes. Jadis, ils étaient perçus comme des créatures déplaisantes, de basse extraction, symbole de malice. Ils ont été utilisés sans états d'âme pour amuser les gens. Ils ont souvent été crédités de pouvoirs mystérieux utilisables sous forme de potions ou autres : dans certaines traditions, l'urine d'un singe près de la porte d'un ennemi permettait d'attirer la haine sur lui et l'œil d'un singe avait le pouvoir de rendre son possesseur entièrement invisible.

Dans l'ancienne Égypte, les singes avaient meilleure presse. Les babouins représentaient la lune, le soleil et les étoiles, et étaient donc considérés avec beaucoup de respect. Ils étaient aimés et faisaient l'objet de toutes les attentions. Ils étaient souvent inclus dans les tombes et momifiés pour servir leur maître dans l'au-delà en tant qu'animal domestique sacré. Sous l'Ancien Empire qui a commencé vers 2 600 ans avant notre ère, les babouins étaient étroitement associés à Thôt, le dieu de la lune, de la sagesse et des écritures sacrées. Il était représenté avec un corps humain et une tête soit d'ibis soit de babouin pensif fronçant les sourcils. Les tribus nubiennes qui habitaient la région de l'Égypte et du Soudan actuels pensaient que les singes pouvaient comprendre le langage des hommes et que leur capacité à apprendre une langue dépassait celle des enfants.

En Inde aussi, il faisait bon être un primate. Dans le *Ramayana* de Valmiki, le premier poème épique écrit en sanscrit qui retrace les voyages mythiques du roi Rama, les puissants Vanaras sont des sortes de singes combattants fidèles au roi. On dit qu'ils peuvent discuter avec chacun et être le bras droit de Rama dans son combat contre les démons. Le plus fort d'entre eux est Hanuman, moitié singe, moitié dieu, qui est devenu le symbole de la loyauté, de la force et du dévouement. Il possède des pouvoirs divins lui permettant de voler et de changer d'aspect. Hanuman peut devenir gigantesque, minuscule, invisible ou semblable à un homme. Sa force est telle qu'il peut secouer les montagnes et abattre leur sommet en volant.

Une légende chinoise et tibétaine parle d'un grand singe de pierre nommé Sun Wukong doté de pouvoirs surnaturels qui est rapidement devenu le Roi des singes sur terre. Malicieux et égocentrique, Sun Wukong menait une vie paisible jusqu'au jour où il se rend compte avec stupeur qu'il est mortel comme les autres singes. Dans sa quête de l'immortalité, le Roi des singes parcourt le monde pour trouver quelqu'un qui puisse lui transmettre le secret de la vie éternelle. Il finit par recourir à un grand sage taoïste qui, entre autres choses, prononce les mots de l'illumination, lui enseigne le secret des 72 transformations, et comment voler dans les nuages. Armé d'un pouvoir magique dérobé au Roi des dragons, Sun Wukong met en déroute nombre de démons au service du maître du monde, l'Empereur de Jade, jusqu'à ce que son ego reprenne le dessus et qu'il quitte les cieux dégoûté. Furieux, l'Empereur de Jade envoie une puissante armée pour faire revenir Sun Wukong, mais le singe de pierre s'avère le plus fort et repousse ses attaques. L'Empereur fait alors appel au Bouddha qui réussit à soumettre Sun Wukong sur un simple pari. Après des siècles passés au service de l'empire céleste, Sun Wukong fait finalement la paix avec l'Empereur de Jade et sa cour, recevant alors le titre de « bouddha victorieux contre le désastre ». Ce grand singe de pierre fut même envisagé un temps pour servir de mascotte aux jeux Olympiques de Pékin en 2008.

Ce fut encore la symbolique chrétienne qui transforma le sort du singe, le faisant passer du statut de dieu à un emblème de vanité et d'avidité. Certaines légendes racontent même que Satan se réincarne sous les traits d'un singe. L'Occident a commencé à considérer les singes comme des êtres immoraux, comme l'image du manque de fiabilité et de modestie, la forme la plus basse de notre nature animale.

Dans ces légendes et ces fables on ne sait pas très bien s'il s'agit de singes ou de grands singes, cette distinction n'étant certainement pas comprise autrefois. Il est même difficile de faire la taxonomie exacte de ces espèces parce que leur terminologie a changé plusieurs fois au cours de l'histoire.

La mention écrite de singes remonte au XIIe siècle mais ils ne deviennent le sujet de romans à succès qu'au début du XXe siècle, avec par exemple *Tarzan seigneur de la jungle*, d'Edgar Rice Burroughs, l'histoire légendaire d'un garçon élevé par des singes. Quatre ans après le succès remporté par le livre, l'adaptation de *Tarzan* au cinéma muet sous les traits d'Elmo Lincoln est acclamée dans les salles et inaugure une longue série de films. En 1933, le film *King Kong* s'ouvre sur un proverbe arabe : « Et alors la bête regarda le visage de la beauté. Et elle retint sa main de la tuer. Et de ce jour la bête vécut comme si elle était morte. » Dans ce qui fut l'un des films les plus populaires jamais produits, les spectateurs découvrirent à travers le gorille King Kong de 15 m de haut une personnalité qui pouvait être sauvage puis l'instant d'après tendre et protectrice. L'heure des affaires avait sonné. Après l'immense succès de *King Kong*, Hollywood devint fou des singes et se mit à produire tous les deux ans un film les mettant en scène. Du film *Mighty Joe Young* de 1949, où un gorille de 3 m devient le dévoué protecteur d'une orpheline, jusqu'à *Bedtime for Bonzo* de 1951, où joue le futur président américain Ronald Reagan, les singes ont été une affaire profitable et continuent de l'être. Le deuxième remake majeur de *King Kong* est sorti en salles en 2005. Hollywood a aussi produit une série de navets sur ce thème comme *King Kong vs. Godzilla* et *The Beast that Killed Women*, l'histoire d'un gorille meurtrier qui pénètre la nuit dans un camp de nudistes pour s'attaquer aux femmes.

Ce fut *Gorilles dans la brume* de 1988, avec Sigourney Weaver dans le rôle de Diane Fossey, pionnière dans la recherche sur ces primates en contexte naturel, qui offre enfin à nos cousins une forme de rédemption sur grand écran. Ce fut ce film, peut-être, qui permit au public de mieux prendre conscience du sort des gorilles et de la disparition de leur habitat, et d'inaugurer enfin une compréhension plus profonde des similitudes existant entre hommes et gorilles.

Aujourd'hui, les chimpanzés sont présents à l'esprit de tout le monde. Ils peuplent notre imagination dès le plus jeune âge grâce aux nombreux documentaires qui leur sont consacrés. Plus nous en savons sur eux, plus nous sommes fascinés par leurs ressemblances frappantes avec nous dans leurs relations sociales comme dans leur comportement, leurs désirs, leurs manières de s'exprimer et leurs capacités intellectuelles. Le mot de Jane Goodall, « la structure du cerveau des chimpanzés présente une similitude frappante avec la nôtre », a peut-être changé à jamais la manière dont les hommes considèrent ces animaux.

Même un examen superficiel des deux cerveaux montre des ressemblances frappantes du point de vue anatomique. Cela n'est peut-être pas trop surprenant, vu que nous partageons un ADN presque identique. Cela peut sembler curieux, mais les chimpanzés sont plus proches de nous que des gorilles. Chaque jour dans la forêt ils prennent des décisions et coopèrent comme nous. Ils attrapent des maladies et utilisent aussi des outils comme nous le ferions. Ils peuvent apprendre la signification de mots ou de signes, maîtriser des exercices complexes, des tours de main et des concepts abstraits, penser de manière logique. Ils peuvent s'étreindre, se donner des baisers et se battre. Ils ressentent la douleur, la crainte et la joie. Et ils partagent avec nous quelque chose que nous considérons souvent comme purement humain : une idée d'eux-mêmes.

2
Deux histoires à distance

Quand la recherche sur les dauphins a commencé, il y avait des contraintes infinies et d'innombrables obstacles logistiques. Il fallait travailler avec des corps mouvants, des animaux fuyants qui vivent le plus clair de leur temps sous l'eau à nager librement dans un monde inconnu des hommes. Les suivre était difficile, et les conditions changeantes en mer pouvaient, sans prévenir, mettre les chercheurs eux-mêmes en danger. Un chercheur s'intéressant aux dauphins devait posséder une large palette de compétences allant au-delà de ses connaissances scientifiques, notamment la navigation en mer. C'est pour cette raison, entre autres, qu'il ne faut pas être surpris si les recherches de terrain en mer avaient au moins vingt ans de retard sur celles chez les singes.

Alors que pour les gros cétacés que sont les baleines les premières informations sur leur biologie, leurs populations ainsi que la gestion de leurs stocks avaient déjà été accumulées par les professionnels de leur chasse, les premiers éléments sur la vie sociale des dauphins, plus petits, proviennent de leur étude en bassins. Au début des années 1940, le psychologue Donald Olding Hebb passa des primates aux dauphins et effectua l'une des premières études consacrées au comportement social des dauphins en captivité. D'autres scientifiques lui emboîtèrent le pas par la suite et commencèrent à s'intéresser aux dauphins qui étaient dressés en captivité pour faire des spectacles tels que des bonds synchrones à travers des cerceaux ou des jeux de balle.

Pour tenter d'échapper aux contingences des bassins, quelques individus pleins de talent se tournèrent vers l'océan dans l'espoir de comprendre la vie de dauphins sauvages observés dans leur milieu naturel. À la fin des années 1950 et durant les années 1960, David et Melba Caldwell, couple qui avait déjà étudié les animaux en captivité et travaillé à une meilleure compréhension des relations sociales entre petits cétacés, s'aventurèrent au large du golfe du Mexique pour ce qui fut probablement la première enquête spécifique sur le comportement des dauphins sauvages. John Prescott et Ken Norris, qui travaillaient au Marineland of the Pacific, aujourd'hui disparu, furent les premiers à découvrir la capacité d'écholocalisation des dauphins. Leurs premiers travaux sur les dauphins en mer ainsi que ceux des Caldwell servirent de base à d'autres études sur ces animaux si libres, si rapides et si mal connus.

Quand les scientifiques élargirent leur horizon de recherche à l'océan, les méthodes devinrent plus sophistiquées et des techniques furent mises au point pour résoudre les problèmes particuliers liés à ce type de recherche. Elles s'inspirèrent des travaux effectués par d'autres spécialistes du comportement animal. Par exemple, les primatologues avaient développé une méthode pour reconnaître et suivre chaque gorille des montagnes en faisant des schémas de leur « empreinte nasale », tandis que les chimpanzés étaient identifiés en répertoriant leurs caractéristiques faciales propres. Suivant cet exemple, Bernd Würsig et d'autres biologistes des dauphins ont créé un système d'identification par photo qui fait jouer aux marques portées par l'aileron dorsal des dauphins le rôle de nos empreintes digitales. La capacité de pouvoir ainsi reconnaître les individus sur des années ou des décennies a ouvert une nouvelle ère dans la recherche à long terme sur les cétacés et de nouveaux moyens pour mieux comprendre la structure des sociétés de dauphins.

Fotolia © Eric Isselée

La présence quotidienne des dauphins près des côtes et le fait qu'ils soient répandus dans les mers tropicales et tempérées en a fait les cétacés les plus étudiés au monde. Randall Wells, un biologiste de la Chicago Zoological Society, et ses collaborateurs au Mote Marine Lab furent parmi les plus assidus dans la traque des traces de nageoire dorsale au cours des années 1970. Équipés de carnets, d'appareils photos et de magnétophones, ils ont passé plus de 30 ans à observer une région de 100 kilomètres carrés de la Sarasota Bay, en Floride, à partir de quelques bateaux de recherche. Ils ont ainsi mené la plus longue étude connue à ce jour sur les Grands dauphins (*Tursiops truncatus*) dans l'Atlantique. Par n'importe quel temps, ils ont suivi quatre générations de dauphins locaux, identifiant par photo plus de 2 500 individus et dévoilant une organisation sociale fondée sur le sexe, l'âge et les conditions de reproduction. Les chercheurs ont pu établir des arbres généalogiques, étudier les effets des polluants dans l'eau et de l'interaction avec l'homme, ce qui a permis de poser les bases de la protection et de la gestion de ces petits cétacés.

Une décennie plus tard, dans les eaux de la Shark Bay, en Australie, Richard Connor, Rachel Smolker et Janet Mann commencèrent le même genre de projet en étudiant plus de 400 Grands dauphins identifiés dans l'océan Indien. Avec ses eaux calmes et claires, un temps merveilleux et des dizaines d'animaux que l'on peut suivre des heures durant à chaque fois, la Shark Bay offrait un paradis pour la recherche sur les dauphins. Quand les dauphins plongeaient sur le dos, les chercheurs pouvaient aussi déterminer leur sexe, ce qui facilita grandement l'étude des relations entre individus.

Les scientifiques travaillant dans la Shark Bay en vinrent à connaître si bien leurs animaux qu'ils pouvaient les identifier juste par la vue. Ils découvrirent que ces dauphins formaient des associations semblables à celles trouvées à Sarasota. De plus, les dauphins mâles constituaient des alliances entre eux pour coopérer, parfois violemment, contre d'autres alliances qui les concurrençaient pour la nourriture. Ceci révéla une autre face des dauphins : derrière leur éternel sourire, ils pouvaient s'avérer violents, non seulement envers d'autres espèces, mais également entre eux.

À la fin des années 1960, Ken Norris choisit la Kealakekua Bay, sur la grande île d'Hawaii, pour entamer ses recherches sur les dauphins longirostres (*Stenella longirostris*) locaux. Dans les trente ans qui suivirent, il réalisa quatre études différentes et gagna chez les cétologues la réputation informelle de « grand-père » de la recherche sur les dauphins. Dans leur livre *The Hawaiian Spinner Dolphin*, Norris, Wells, Würsig et sa femme Melany Würsig présentent la première histoire naturelle complète d'un dauphin sauvage. L'une de leurs premières découvertes fut que ces dauphins étaient extrêmement sensibles aux intrus, chercheurs inclus, ce qui posait un nouveau type de problème pour leur observation.

Norris n'était pas un chercheur ordinaire. Sa compréhension remarquable de la nature et son approche ingénue à l'ancienne lui permettaient d'étudier ces animaux difficiles sans vraiment interagir avec eux. Il conçut ce qui devint bientôt connu sous le nom de SSMM ou « semi-submersible à mal de mer ». Bien que limité par le manque de ressources financières, son premier prototype était impressionnant : il consistait en un réservoir d'avion avec un poste d'observation greffé dessus. Les essais ne furent cependant pas satisfaisants et Norris commença à travailler sur une seconde génération d'habitacle sous-marin. Le *Maka'ala*, le « vigilant » en hawaiien, ne dura pas longtemps et finit par couler un jour de tempête.

La troisième génération fut une tout autre histoire. Le *Smyg Tittar'n*, « celui qui regarde sur la pointe des pieds » en suédois, a fini par devenir un vaisseau de recherche fonctionnel de 8 mètres de long et pesant 4,5 tonnes. Une personne pouvait se glisser dans l'habitacle doté d'une fenêtre d'observation pour étudier le comportement des dauphins. Malgré une utilisation limitée à la frange côtière en raison de son poids, l'engin correspondait parfaitement à la philosophie de Norris qui était d'examiner le milieu des dauphins sous l'angle d'un dauphin. Le *Smyg Tittar'n* offrait un aperçu vraiment stupéfiant de la vie sous-marine des dauphins... mais n'apportait aucune solution au mal de mer qui s'emparait de tous les observateurs !

Norris recueillait des informations par tous les moyens, que ce soit par des stations basées à terre, des observations aériennes ou à partir du *Smyg Tittar'n*. Cela a permis de révéler la grande souplesse d'appartenance au groupe des dauphins, le haut degré de coopération entre individus, leur tendance à utiliser certains habitats pour des activités spécifiques et répétitives, et l'importance ainsi que la durée des soins parentaux à leurs petits. Norris a aussi été l'un des premiers à utiliser le concept humain de « culture » pour décrire les sociétés de dauphins, une position controversée qui commence à être largement admise dans l'étude des cétacés.

Avec son grand aileron si particulier, ses marques noires et blanches et sa large distribution dans les océans, l'orque était aussi un candidat parfait pour des études à long terme d'identification par photo. Les spécialistes mondiaux de ces animaux étaient Michael Bigg, Ken Balcomb, John Ford et Graeme Ellis, dont les études dans les États de Washington et de Colombie britannique débutèrent dans les années 1970. Leur travail s'est focalisé sur l'organisation sociale complexe qui prévaut dans cette espèce et inclut des groupes, des regroupements matrilinéaires, des clans acoustiques ainsi que de fascinantes spécialisations dans la navigation et les techniques de chasse en groupe. Leurs recherches ont non seulement amélioré nos connaissances sur ces cétacés mais aussi aidé à atténuer la réputation de redoutables tueurs qu'ils ont auprès du grand public.

Plus de trois décennies d'études à long terme sur le terrain ont permis de poser de solides bases pour un nombre croissant d'étudiants, de volontaires et de chercheurs qui poursuivent le travail pionnier de leurs mentors, s'aventurant dans des mers jamais étudiées et observant des espèces de dauphins encore peu connues. Bien que la technologie ait fourni un large panel d'outils à faire rêver les premiers scientifiques de la discipline, comme les marqueurs par satellites, le GPS, les ordinateurs portables, l'imagerie de la Terre à distance et des équipements pour le mauvais temps, les cétologues actuels doivent encore faire face aux dangers du travail en mer.

Le voile se lève sur les grands singes

À la fin du XIXe et au début du XXe siècle, les grands singes étaient des curiosités zoologiques, obtenues à grands frais par des expéditions menées au fin fond de l'Afrique. Les gorilles étaient les plus recherchés en raison de leur taille imposante.

S'ils survivaient au voyage jusqu'à Londres ou New York, ils mouraient ensuite au bout de quelques mois. Un guide du zoo du Bronx, rédigé en 1903, indique au visiteur que le gorille que l'on peut voir aura une vie courte avant de succomber « à sa propre morosité ». Les gardiens savaient peu de chose sur leurs besoins alimentaires, sans parler de leur bien-être psychologique derrière les lourds barreaux des zoos de l'époque. Les gorilles étaient traités comme des animaux hautement dangereux, capables même de comportements sauvages, alors qu'un individu en cage est généralement apathique et ne risque guère de faire du mal à quiconque.

Puis l'image du gorille dans le public est passée de la bête sauvage au gentil géant. Lorsque, dans les années 1930, le cinéaste et explorateur Carl Akeley tenta pendant quelques semaines de filmer des gorilles des montagnes, ce fut le moment le plus intense jamais passé avec ces énormes singes. Trente ans plus tard, George Schaller, un célèbre biologiste de la vie sauvage de la New York Zoological Society, prit un an pour vivre avec des gorilles des montagnes dans l'actuelle République démocratique du Congo. Son enquête révéla que les gorilles étaient des créatures timides, vivant dans des conditions très difficiles, menacés au milieu des nombreux habitants de la région. À l'époque, passer une année d'observation sur le terrain était considéré comme un exploit herculéen mais douze mois limitaient toutefois la quantité et la qualité des informations recueillies. Schaller utilisa le camouflage pour faire ses observations et pas la longue et fastidieuse méthode d'accoutumer les grands singes à la présence humaine.

Ce n'est qu'en 1960 que le voile se leva vraiment sur les grands singes. Ce ne fut pas le fait d'un spécialiste du comportement animal mais d'un paléontologue. Louis Leakey, le fils de missionnaires anglais au Kenya, s'était imposé comme une autorité dans la recherche de fossiles avec la découverte en 1959, dans les gorges de l'Olduvai, du crâne d'un homme primitif appelé « Zinjanthrope ». Il se tourna ensuite vers une autre manière de répondre aux grandes questions sur les origines de l'homme. Leakey se dit alors que si l'on voulait vraiment comprendre comment vivaient les premiers hommes, la meilleure façon n'était-elle pas d'étudier nos parents les plus proches, ceux qui ressemblaient le plus à nos ancêtres et vivaient précisément dans le même type de milieu ? Il connaissait une réserve de chasse des colons britanniques dans l'ouest de la Tanzanie, un endroit réputé pour ses antilopes chevalines et ses buffles. L'endroit s'appelait la réserve de Gombe Stream et contenait aussi un bon contingent de chimpanzés.

Pour mener à bien son étude de terrain sur les chimpanzés, Leakey avait besoin d'un étudiant motivé. Il se tourna vers une jeune femme qui travaillait comme assistante dans les services de son musée à Nairobi. Jane Goodall était arrivée d'Angleterre en tant que touriste et avait décroché une place dans l'administration du musée avec l'espoir de continuer une carrière en sciences. Leakey lui donna cette chance. Il l'envoya à Gombe, pensant qu'elle y resterait quelques mois. Goodall s'immergea dans la vie de la forêt et resta des mois à voir les postérieurs des singes qui détalaient à son approche. Les mois se transformèrent en années et ses sujets s'accoutumant peu à peu à sa présence, elle put décrire une société des chimpanzés qui a révolutionné notre vision de ce qui se rattache à l'humain. La chasse, la consommation de viande et l'utilisation d'outils étaient des traits considérés comme spécifiquement humains jusqu'aux découvertes de Goodall au début des années 1960. Puis dans les années 1970, Goodall rejointe par des étudiants et assistants toujours plus nombreux sur le terrain rapportèrent des infanticides, du cannibalisme et de véritables guerres, une face sombre des grands singes qui renvoyait trop bien à la nôtre. Plus de 40 ans après être arrivée à Gombe, Goodall dirige encore un projet, la plus longue étude d'animaux sauvages jamais réalisée. Goodall elle-même est devenue une autorité mondiale pour la cause environnementale et l'éducation à l'environnement.

Près d'une décennie après avoir envoyé Jane Goodall à Gombe, Leakey donna l'opportunité à une autre jeune femme de travailler dans un domaine dominé par les hommes. Diane Fossey était une rééducatrice américaine qui avait fait un safari en Afrique et en était revenue avec la ferme intention d'y retourner pour étudier les animaux sauvages. Leakey aida Fossey à s'installer dans les montagnes de Virunga, une chaîne volcanique dans l'est de l'Afrique centrale. Dans une zone troublée par les conflits, les problèmes de santé et bien d'autres difficultés, elle établit et dirigea pendant plus de dix ans une station de recherche qu'elle avait appelée Karisoke. Le succès et la fin dramatique de Diane Fossey sont bien connus grâce à *Gorilles dans la brume*, un film hollywoodien basé sur son livre. Fossey persévéra au travers de multiples tribulations mais fit l'erreur tragique de vouloir protéger ses gorilles par les armes au lieu de discuter et de sensibiliser les villageois locaux. Cela se termina tragiquement en 1984 avec son assassinat par un supposé braconnier dans sa station de recherche. Immédiatement après sa mort, une nouvelle génération de chercheurs et de militants pour la protection de la nature prit le relais à Karisoke et s'attacha à impliquer les gens et le gouvernement rwandais en tant que protecteurs et premiers bénéficiaires de la présence des gorilles. Ils établirent l'écotourisme comme une force économique majeure dans ce pays pauvre et surpeuplé. Et aujourd'hui, bien que les horreurs de la guerre et du génocide aient pesé sur l'avenir des gorilles, les perspectives sont meilleures qu'elles ne l'ont été depuis des années.

Peu de temps après que Leakey ait envoyé Fossey en Afrique pour étudier les gorilles, il rencontra Biruté Galdikas, une étudiante en thèse de l'université de Californie à Los Angeles, qui désirait étudier les orangs-outans. Il en résulta un travail long et ardu sur les grands singes les plus inaccessibles. Galdikas rapporta des aspects jusqu'alors inconnus du comportement des orangs-outans tels que les chants des mâles pour courtiser les femelles et l'occurrence parfois de viols. Comme les orangs-outans sont en général solitaires, Galdikas mit des années à dresser le riche portrait de leurs sociétés alors que Fossey et Goodall avaient pu comprendre en un temps beaucoup plus court les interactions entre les groupes. Comme Goodall en Afrique, Galdikas est restée à Bornéo pendant des décennies. Elle a été un élément moteur pour la protection de la nature en Indonésie et s'est battue avec les autorités pour que cesse la coupe illégale des arbres tolérée par le gouvernement dans ses propres parcs nationaux et ses réserves. Comme Goodall, elle est aussi une activiste sociale qui consacre une bonne part de son énergie à remédier au triste sort des singes orphelins. Galdikas a ainsi établi avec des Indonésiens, impliqués dans la protection de la nature, des centres de réadaptation à la vie sauvage pour ces singes. Ce n'est pas chose facile. Cela demande des forêts dépourvues d'orangs-outans pour éviter qu'ils ne soient autrement contaminés par des singes élevés en captivité, et des milliers d'heures pour apprendre à un orang-outan tout ce qu'il aurait normalement appris de sa mère.

Ce que nous savons sur le dernier type de grand singe, le bonobo, est peu de chose comparé aux autres. Contrairement aux chimpanzés qui vivent en Afrique dans divers habitats équatoriaux les bonobos ne se trouvent que dans une petite région, une forêt tropicale sans relief au centre du bassin du Congo. L'endroit est reculé, accessible uniquement par la rivière et quelques pistes d'atterrissage réduites arrachées à la forêt tropicale. C'est au cœur d'une région affectée par la guerre, ce qui rend parfois le terrain dangereux pour les chercheurs. Et la pression des braconniers à l'affût des animaux, bonobos compris, est constante. Les bonobos furent décrits pour la première fois dans les années 1970 par une équipe de scientifiques japonais qui exploraient cette région. Mais, dès les années 1950, des scientifiques européens ayant observé des bonobos dans des zoos les avaient décrits comme des singes « qui font l'amour et pas la guerre ». On remarqua qu'ils avaient une pratique très libre de la sexualité dans diverses positions bien connues chez l'homme et, cela à différentes occasions sans marquer une nette préférence pour un sexe ou l'autre. Leur étude ne commença vraiment que dans les années 1980 et fut ralentie par les années nécessaires pour accoutumer des singes sauvages à la présence humaine. Un groupe de chercheurs américains dirigé par Randall Susman commença à travailler sur un site le long de la rivière Lomako dans l'actuelle République démocratique du Congo. Ils confirmèrent nombre de comportements des bonobos déjà observés, quoique de façon moins fréquente, en captivité. Les aléas des financements et des guerres civiles interrompirent à plusieurs reprises leur travail et, après une décennie, il restait encore beaucoup à faire sur ces singes. Une équipe de chercheurs provenant d'Allemagne arriva plus tard dans la même région, suivie par une équipe belge et pendant les années 1980 et 1990 nos connaissances sur les bonobos augmentèrent de façon exponentielle.

L'essentiel de ce que nous savons pourtant sur les bonobos vient du travail de Takayoshi Kano, un scientifique japonais d'Osaka qui établit une station de recherche à Wamba, également située dans la jungle moite du Congo. À la différence des Américains à Lomako, l'équipe de Kano défricha un morceau de terrain dans la forêt et y planta de la canne à sucre. Ils utilisèrent le lieu comme une vaste bonbonnière pour attirer les bonobos du coin. Du coup, les singes s'habituèrent rapidement aux hommes et devinrent beaucoup plus facilement observables. Ceci permit à Kano et à ses collaborateurs de procéder à des observations plus détaillées que jamais des comportements sociaux des bonobos sauvages. Et nombre de photos où s'étalaient des accouplements vus chez les bonobos en captivité perdirent de leur impact après l'étude attentive de leur comportement naturel dans la forêt tropicale.

Même s'il peut sembler que nous observons les grands singes depuis longtemps, l'ère de leur étude rapprochée avec des méthodes modernes n'a pas plus de 40 ans. Elle ne va pas durer beaucoup plus. Dans quelques décennies, les grands singes, s'ils existent encore dans la nature, seront confinés dans de minuscules îlots de forêts où leur comportement naturel aura subi l'influence des nombreuses perturbations humaines qui rendent déjà leur vie de plus en plus difficile aujourd'hui. Nous verrons ces 40 années passées comme un âge d'or pour les singes, une époque où leur nombre diminuait mais restait élevé. Cela restera l'époque où le monde de leur habitat s'est ouvert aux chercheurs avec les moyens de transport modernes et où la recherche avait les moyens de les étudier en détail. Tout ceci disparaîtra certainement au cours de la vie de nos enfants, si ce n'est de la nôtre.

Avec le progrès technologique, même les profondeurs des océans ne représentent plus des espaces vierges de toute présence humaine. Les difficultés logistiques que l'on rencontre dans l'étude des grands singes et des cétacés dans leur milieu naturel pourraient bien être ce qui les a protégés jusqu'à présent. Quelle perte cela serait de laisser ces animaux disparaître ! Leur salut se trouve peut-être dans une meilleure compréhension de leur vie et de leur comportement.

3

Plonger avec les dauphins, se balancer avec les singes

Si une société est un groupe organisé en vu d'un but commun, elle doit avoir une certaine connaissance d'elle-même, peut-être même un certain degré de volonté dans la formation et le maintien de cette société. Est-ce le cas chez les dauphins ? Certains scientifiques assimilent la structure sociale chez l'animal à la formation de rapports sociaux mais ce faisant négligent probablement la complexité plus subtile de l'organisation des groupes.

En tant que scientifiques, nous essayons de trouver un sens aux différents comportements que nous observons sur le terrain. Limiter nos observations à la mesure de ces relations ne va-t-il pas nous faire passer à côté d'un tableau plus complet des sociétés animales ? En tant qu'observateurs de ces réseaux complexes de la vie, nous ne pouvons ignorer la pure beauté et le profond équilibre qui s'en dégagent. Cela aussi fait partie d'une société animale. Cela aussi devrait figurer dans toute définition. Si nous voulons comprendre ces sociétés, il nous faut probablement revoir notre concept de l'intelligence et apprendre à raisonner en dehors de notre propre espèce.

Une société sous les vagues

Tout autour de moi, des dauphins, comme si j'étais un peu de la famille, différente quelque part de celle que j'ai à terre. À l'avant du bateau, un joyeux groupe d'adolescents s'amuse. Certains portent un collier d'algues au bout de leur rostre tandis que d'autres jouent avec des morceaux de plastique ou avec des méduses. Nous suivons l'une des « autoroutes », appelées fronts, qui se forment lorsque des masses d'eau de différentes températures se rencontrent dans l'océan.

La plupart des dauphins sont des animaux sociaux et, comme les singes et les hommes, tirent plus d'avantages que d'inconvénients à vivre en groupe. Celui-ci leur apporte une protection contre les prédateurs, les moyens de se nourrir ou de trouver facilement un partenaire sexuel fertile.

Les Grands dauphins sont les plus connus et les plus étudiés des cétacés. Ils passent leur vie dans ce que l'on appelle des sociétés à fission-fusion. La « fission » signifie que les membres d'une population locale ne cessent de se séparer et de mener une vie indépendante. Et « fusion » qu'ils reviennent toujours. Une société fission-fusion peut comporter un nombre limité ou élevé de groupes dont la composition peut constamment changer en fonction des jours ou parfois même des heures. La complexité de ces sociétés, jointe à la difficulté de les étudier en mer, est un défi pour les scientifiques qui cherchent à mieux connaître ces animaux.

Qui est avec qui ? Qui n'est pas avec qui ? Voilà les questions qui importent à ces chercheurs. Essayer de comprendre qui, mais aussi pourquoi, quand, et combien de temps, différents individus restent ensemble est une tâche très exigeante, vu la diversité des stratégies sociales que l'on peut trouver chez ces animaux. Pour avoir une idée de la difficulté, il suffit de considérer trois populations de Grands dauphins : celles de la Shark Bay en Australie, de la Sarasota Bay en Floride et de Moray Firth en Écosse. Dans les deux premières, les femelles d'un groupe peuvent se montrer relativement sociales ou complètement isolées, évitant la présence d'autres individus parmi elles. Les mâles peuvent être seuls ou développer de solides relations entre eux, des alliances comparables à celles de leurs cousins primates. En revanche, lorsque nous allons à l'autre bout du monde, en Écosse, si les femelles ont le même comportement ce n'est pas le cas des mâles : ils ne forment aucune alliance.

Fotolia © Arie Sztajnworc

La composition d'un groupe de dauphins, déjà imprévisible, se brouille encore plus lorsque nous nous penchons sur la grande diversité des stratégies de chasse utilisées par les dauphins suivant les endroits. Dans certaines populations, ils se nourrissent en utilisant une tactique collective complexe où des bancs de poissons se retrouvent guidés et encerclés, d'autres individus en profitant alors pour se nourrir. Ceux qui montent la garde un peu à l'écart prennent ensuite le relais, de sorte que tous les membres du groupe puissent manger à leur tour. Aux Bahamas, les choses sont différentes. Les dauphins agissent seuls, en plongeant leur rostre dans les fonds sableux pour y trouver leur proie, laissant ensuite un relief comme constellé de petits volcans. Dans la Shark Bay, les dauphins chassent les bancs de poissons en nageant le ventre vers la surface. Les proies sont ensuite soit consommées sous l'eau soit projetées en l'air et gobées. Dans une autre technique qui prévaut le long des côtes de Géorgie et de Caroline du Sud, quand les Grands dauphins débusquent un banc de poissons, ils le forcent collectivement à s'échouer sur la plage. Dès que leurs proies sont incapables de bouger, ils se ruent sur la plage et sortent parfois complètement de l'eau pour les saisir, se remettant ensuite d'un bond dans l'eau.

Ces divers comportements marquent bien la capacité de ces animaux à tirer parti de leurs propres aptitudes, et à adopter des stratégies de chasse solitaires ou collectives selon une grande variété de facteurs incluant le type et la disponibilité de la ressource alimentaire ainsi que l'environnement. Si nous réfléchissons un moment à la réalisation de ces tâches et aux nombreux niveaux de communication, d'organisation, d'innovation et de capacités d'apprentissage que cela demande, nous commençons à avoir une idée du degré d'intelligence propre à une société de dauphins.

Les différences que l'on peut observer dans les techniques de chasse sont nombreuses suivant les espèces de cétacés. D'un côté, on trouve quelques espèces de dauphins d'eau douce comme le plataniste, ou dauphin du Gange, quasi aveugle, et en voie d'extinction en Asie du Sud. C'est un chasseur solitaire qui longe le fond, bougeant en permanence la tête pour détecter les poissons ou les obstacles à l'aide d'un biosonar sophistiqué, un système utilisé par les dauphins pour voir et détecter les objets avec le son. Et à l'autre bout nous trouvons les énormes rassemblements de dauphins communs, avec parfois des milliers d'individus qui peuvent se répartir pour ratisser l'espace marin en quête de bancs de poissons disséminés dans l'océan. Ces grands groupes peuvent se fragmenter plus tard en des unités plus réduites qui prendront des directions différentes.

Quelque part au milieu de cet éventail se trouvent les orques, des Mammifères marins cosmopolites présents des pôles à l'équateur. Représentants parmi les plus caractéristiques de la famille des delphinidés, ils vivent aussi en sociétés très complexes et coordonnées, fondées sur la communication et la coopération. Des études effectuées dans le nord-est du Pacifique montrent des différences surprenantes dans le régime alimentaire spécialisé de deux types de populations vivant dans un même lieu. Ces populations, dites résidentes et nomades, vivent dans les mêmes eaux côtières mais sont socialement isolées l'une de l'autre. Elles diffèrent par leur morphologie, leur génétique, leur répartition et leur comportement. Les groupes résidents se nourrissent uniquement de poissons tandis que les nomades s'attaquent surtout aux autres Mammifères marins. Les résidents forment des groupes durables, formés de plusieurs lignages matrilinéaires, tandis que, chez les populations nomades, tous les descendants, à l'exception d'un mâle, se dispersent à partir du groupe maternel. Ceux-ci continuent cependant à hanter les lieux de leur naissance, formant des bandes qui ne dépassent pas quatre individus, contrairement à celles des résidents dont le nombre peut atteindre deux cent.

Une telle spécialisation alimentaire de deux groupes au sein d'une espèce n'a jamais été observée chez d'autres Mammifères. Ces stratégies semblent avoir été instaurées sur de longues périodes correspondant à de nombreuses générations. D'une manière habile et mutuellement exclusive, les orques résidentes et nomades ont développé une tactique propre à chaque groupe pour accroître leur efficacité à la chasse. En fonction de leurs proies, ils ont développé des stratégies de détection différentes : écholocalisation pour les poissons, ou écoute passive lors de la traque de Mammifères marins.

La vie dans un groupe de dauphins communs ou d'orques demande à l'évidence beaucoup de contacts et de communications entre les individus. Chez des animaux à plusieurs modes tels que les dauphins, cela est possible par des moyens visuels, tactiles et acoustiques. Comme dans les sociétés humaines, ce volumineux échange d'informations entre un individu et un autre fonde ces organisations sociales coordonnées.

Qu'ils soient en petits ou grands groupes, en société à fission-fusion ou pas, chasseurs solitaires ou en bandes coordonnées, les cétacés vivent dans tous les océans du monde. Aussi divers que leurs environnements respectifs, ils peuvent autant différer entre eux que les eaux glacées de l'Arctique de celles limpides et chaudes des tropiques. Les espèces peuvent se ressembler physiquement ou présenter des différences frappantes : quel écart de taille, par exemple, entre le cachalot qui peut dépasser les 18 m de long et le petit vaquita, une espèce de marsouin en danger, dans les eaux mexicaines de la mer de Cortez, qui mesure moins d'un mètre !

Dans leur quotidien, toutes ces espèces utilisent des signaux sociaux complexes fonctions du contexte et ont recours à une gamme élargie de comportements afin de résoudre une tâche donnée, non seulement pour se nourrir mais aussi faire la cour, entretenir les relations et la hiérarchie, ou avertir d'autres individus d'un danger.

Comme la nourriture, le sexe joue un rôle primordial dans les sociétés de dauphins, essentiel à la fois pour la reproduction et la communication. Comme on l'observe chez les bonobos, un comportement sexuel sans but de reproduction est important pour les relations sociales chez des Mammifères marins comme le Grand dauphin ou le dauphin longirostre. Les contacts rostro-génitaux sont largement répandus dans ces sociétés. Ce « check-up » génital, où un individu frotte son rostre sur l'aire génitale d'un congénère de même sexe ou pas, est une façon de se renseigner sur la situation de son état reproducteur. Dans le monde sous-marin, il n'est ni rare ni choquant de trouver de très jeunes mâles essayant de monter leur mère, de jeunes mâles harceler sexuellement de plus âgés, des mâles mûrs monter des petits ou un mâle adulte monter d'autres mâles pour exprimer sa domination.

Les Grands dauphins mâles arrivent à leur maturité sexuelle entre 10 et 12 ans, les femelles entre 5 et 10 ans. Comme dans de nombreuses espèces de delphinidés, ils ne présentent pas de dimorphisme sexuel, ce qui rend mâles et femelles difficiles à distinguer pour un observateur humain.

Après une gestation d'environ 12 mois, la femelle donne naissance à un seul petit. Les femelles s'investissent beaucoup pour leur progéniture comme cela se passe également chez l'homme, les grands singes et d'autres Mammifères. La naissance d'un dauphin marque le début du lien le plus fort existant dans un groupe, celui de la mère avec son petit. Ils resteront ensemble des années. Au côté de sa mère, sous son œil attentif et dévoué, le petit dauphin apprend comment survivre dans le monde plein de dangers de l'océan. Comprendre « l'amour » parental dans une espèce autre que la nôtre n'est pas facile, essentiellement parce que nous croyons que ce type d'émotion est réservé aux êtres humains. Pourtant, ceux d'entre nous qui ont observé les soins méticuleux que prodigue une mère à son petit, qui ont entendu sa plainte et ses appels lorsqu'elle est brusquement séparée de sa progéniture, et assisté à son attente durant des heures auprès du corps sans vie de son petit, ne peuvent s'empêcher de remarquer les similitudes de comportement entre dauphins et humains dans les mêmes circonstances.

En grandissant, le jeune dauphin devient de plus en plus indépendant. Après plusieurs années vécues ensemble, la mère et sa progéniture prennent des chemins différents. Chez les Grands dauphins, certaines mères s'éloignent alors que d'autres restent dans le groupe, formant une bande avec d'autres femelles s'occupant encore de leur petit. Une fois devenus adultes, mâles et femelles peuvent se reproduire jusqu'au-delà de leurs quarante ans et vivre encore une dizaine d'années.

Lorsque l'on cherche à étudier et à comprendre les sociétés de dauphins, on rencontre une large gamme de comportements qui incluent les liens à long terme entre la mère et son petit, les alliances entre mâles, la coopération de groupe, les stratégies complexes pour se nourrir, et d'autres encore. Mais ces différents comportements ne sont pas l'apanage des delphinidés. On les trouve aussi chez les primates. La comparaison des sociétés de primates et de dauphins révèle de nombreux parallèles, malgré des aspects et des habitats radicalement différents pour ces deux types de Mammifères.

Une société dans la forêt

Les chimpanzés sont parmi les grands singes ceux capables de vivre dans les milieux les plus divers. On les retrouve ainsi sur une large bande de l'Afrique équatoriale, du Sénégal (à l'ouest) à la Tanzanie (à l'est), dans des habitats allant de la dense forêt vierge à la savane ouverte et presque dépourvue d'arbres. Au cœur de l'Afrique, de grandes étendues de forêts sont encore le royaume de larges populations de chimpanzés. Mais ces espaces ne sont plus des refuges assurés. Les entreprises forestières progressent au sein de cette verdure, grignotant petit à petit l'habitat de ces singes.

Le chimpanzé est un animal familier pour la plupart des gens mais il a un proche parent qui n'a que récemment attiré l'attention du public : c'est le bonobo, qui lui ressemble beaucoup. Les premiers articles le désignaient comme le « chimpanzé pygmée » mais les deux espèces sont approximativement les mêmes en taille, couleur et autres caractéristiques physiques. Comme nous le verrons plus tard, c'est par leur comportement qu'ils diffèrent.

Les bonobos dérivent sans doute des chimpanzés. Ils se répartissent à l'intérieur de la vaste courbe du fleuve Congo. Sur la rive nord, se trouvent les chimpanzés et aussi les gorilles. Les zones de forêt tropicale humide sous l'arc du cours d'eau appartiennent aux bonobos, bien que leur aire de répartition totale représente une minuscule part de celle des autres grands singes d'Afrique. Contrairement aux chimpanzés présents dans les milieux les plus variés, les bonobos se limitent aux forêts des plaines de basse altitude. Leur nombre n'excède pas quelques dizaines de milliers, peut-être même beaucoup moins, le chaos politique régnant en République démocratique du Congo ayant empêché tout recensement récent.

Le troisième grand singe africain, le gorille, est le plus grand de tous les primates. Il en existe plusieurs types. Dans la majeure partie de l'Afrique, il s'agit du gorille des plaines de l'Ouest, celui que l'on retrouve dans les zoos. C'est un animal majestueux, au poil court gris noir, argenté à son extrémité, et châtain sur la tête. Il hante les régions de plaines des forêts du centre et de l'ouest de l'Afrique. Le nombre de gorilles des plaines se monte à quelques dizaines de milliers, bien qu'il chute rapidement. Plus à l'est, un type plus foncé, le gorille des plaines de l'Est, vit à la fois dans les plaines de basse altitude et dans les montagnes. Il devient rare dans les plaines sous l'effet de la guerre civile qui ravage le pays et de l'intense braconnage qui sévit dans les quelques zones où il survit.

Le type le plus connu de gorille est aussi le plus rare. Le gorille des montagnes se trouve dans deux ensembles de forêts proches mais distinctes. Environ 350 d'entre eux vivent le long de la chaîne des volcans de Virunga à cheval à la fois sur le Rwanda et la République démocratique de Congo – deux pays actuellement en conflit – et un peu sur l'Ouganda.

Moins connus que les gorilles des montagnes de Virunga et à quelques kilomètres de là, vivent les gorilles des collines découpées du parc national de Bwindi. Ils sont environ 300, se distinguant de leurs autres cousins des montagnes par quelques détails. Il subsiste donc environ 650 gorilles des montagnes répartis entre le Bwindi et la chaîne de Virunga. Leur habitat est protégé mais ils sont encore vulnérables aux épidémies, à la guerre civile, au braconnage et à d'autres perturbations sociales.

Dans les forêts d'Asie, vit le dernier des grands singes, et le plus énigmatique aussi. Les orangs-outans sont des singes roux aux poils en bataille qui vivent dans les denses forêts vierges des îles de Bornéo et Sumatra. Leur sort est peut-être le pire de tous, du moins celui que l'on connaît le mieux. La destruction rapide et souvent illégale des forêts indonésiennes fait que les orangs-outans n'ont plus d'endroits pour vivre. Cela se passe à un rythme accéléré malgré tous les efforts de ceux qui cherchent à protéger la nature. Avant que nous soyons arrivés à mieux le connaître, il se peut que notre quatrième parent le plus proche ait aussi disparu.

Les sociétés de chimpanzés et de bonobos se ressemblent beaucoup au premier abord. Les deux sont des communautés « fission-fusion » et passent leur temps à chercher des fruits avec de temps à autre un morceau de viande. Mais les relations entre sexes ont pris un cours différent. Les chimpanzés vivent dans des sociétés dominées par le mâle où ce dernier est celui qui sollicite le rapport sexuel, quitte à brutaliser parfois la femelle qui lui résiste. Cela ne veut pas dire que les femelles sont toujours soumises, mais si elles ne répondent pas aux avances du mâle celui-ci peut les attaquer violemment. En devenant adulte, le mâle grimpe dans la hiérarchie, dépassant chaque femelle jusqu'à ce qu'il se confronte au mâle de plus faible rang. Voila la vie des chimpanzés femelles, où même la plus haut placée est toujours subordonnée au mâle le plus inférieur.

Les femelles bonobos évitent un tel traitement en formant des coalitions qui peuvent repousser les agressions des mâles. Parfois, ces alliances permettent même aux femelles de dominer les mâles. Les bonobos ont gagné la réputation de grands singes « féministes », mais la tactique des femelles est plutôt de réussir à vivre entre elles que d'agresser les mâles. En établissant un moyen de coexister en paix, les femelles bonobos font l'économie des chamailleries sur la nourriture qui empêchent notamment les femelles chimpanzés de constituer des alliances.

De leur côté, les gorilles vivent d'une manière bien plus conventionnelle. Se promener dans la forêt en Ouganda en compagnie d'un groupe de gorilles des montagnes ressemble à une balade en famille dans un parc. Les gorilles marchent lentement, les jeunes explorant tous les recoins, les mères étant attentives et le mâle à dos argenté prenant un air contrarié. Pesant plus de 180 kg, les gorilles sont les animaux terrestres au cerveau le plus gros ayant jamais existé sur Terre. Ce sont aussi les grands singes qui sont le plus souvent au sol, leur masse imposante ne favorisant pas les acrobaties entre les branches bien qu'ils s'y essayent parfois, et aussi les plus complètement végétariens. Alors que chimpanzés et bonobos aiment la viande et peuvent faire des pieds et des mains pour en avoir un petit morceau, les gorilles dédaignent même les insectes dont raffolent les chimpanzés. Ce sont de parfaits cueilleurs, consommant des feuilles et des fruits dans les forêts tropicales africaines. De loin, l'ordre et le calme semblent régner dans la société des gorilles comparée à celle plus agitée des chimpanzés. Pourtant, sous leur air majestueux, les gorilles sont un peu nerveux. Nous avançons dans une végétation haute ; soudain le dos argenté s'arrête et commence à produire des grognements anxieux. Tout le groupe se fige. Après de longues minutes de tension silencieuse, ce qui a provoqué l'inquiétude du dos argenté apparaît. De l'autre côté d'une clairière, à quelques dizaines de mètres, la tête d'un autre dos argenté émerge de la verdure. Face à face, les deux mâles grondent et s'avancent. Les femelles et leurs petits se reculent dans les fourrés pour laisser les deux protagonistes se calmer. Après vingt minutes, ils rebroussent chemin et s'éloignent ; la rencontre est finie.

Cela semble assez formel et pas physique du tout, mais de telles confrontations peuvent être à l'origine de décisions importantes. Dans les sociétés de gorilles, les femelles tendent à aller d'un groupe à l'autre, déjouant les tentatives mâles de les monopoliser. Elles se servent de leurs pieds pour choisir leur partenaire. De telles séparations se font le plus souvent après une rencontre du genre de celle qui vient d'être décrite entre groupes rivaux. Cela suggère que la femelle gorille utilise les confrontations entre « dos argentés » pour mesurer son mâle et celui qui le défie. Et si elle décide que le premier n'est pas à la hauteur, elle le quitte. En dépit de toute leur masse, de leurs gros muscles et de leurs bravades, les mâles dos argenté vivent donc dans la peur que leur femelle leur fasse faux bond un jour, une peur qui les motive à protéger assidûment leur groupe.

Comparés aux autres grands singes, les orangs-outans sont vraiment bizarres, à la fois par leur aspect et leur comportement. Les mâles de Bornéo ont d'énormes excroissances charnues autour de leur visage et un sac de chair qui donne à leur gorge un aspect démesuré. Ceci permet au mâle de produire des cris de parade ou de domination tandis que les disques faciaux pourraient avoir un certain charme pour les femelles. Les mâles sont beaucoup plus gros que les femelles, pratiquement deux fois plus grands et plus lourds qu'elles.

Fotolia © Kitch Bain

C'est dans leur comportement que les orangs-outans apparaissent vraiment comme des animaux uniques. À la différence des très sociables gorilles, chimpanzés et bonobos, les orangs-outans chérissent la solitude. Ce sont non seulement les plus solitaires des grands singes mais aussi de tous les primates supérieurs. Une femelle défendra son territoire contre tous les intrus tandis que le mâle tentera de maintenir un monopole sexuel sur plusieurs femelles. C'est une bonne stratégie de la part des mâles mais elle échoue souvent car s'ils sont gros ils sont aussi lents. Ils ne peuvent couvrir rapidement de grandes surfaces dans la forêt, ce qui permet à d'autres mâles moins dotés en femelles de rôder.

Tous ces grands singes ont quelques caractéristiques communes. Ils comptent parmi les plus grands primates. Les étapes de leur vie se succèdent un peu comme les nôtres : une gestation de huit mois, plusieurs années de jeunesse puis une puberté durant leur seconde décennie, enfin une reproduction de l'âge de quinze ans à la quarantaine. Ce sont aussi les animaux dont le cerveau est le plus développé avec les dauphins, les baleines, et nous. Le parallèle ne s'arrête pas là, il se prolonge dans ce qu'il y a de meilleur et de pire dans la nature humaine : la guerre et l'amour.

Des chasseurs dans les deux cas

Si les dauphins n'ont pas de mains pour fabriquer des outils, cela ne les empêche pas d'être d'efficaces prédateurs utilisant leur agilité et leur cerveau pour réussir leur chasse. Ils s'avèrent alors originaux, intelligents et capables de s'entraider.

Parmi tous les delphinidés, les orques nomades remportent la palme de la collaboration à la chasse. Ce sont les plus grands prédateurs des océans qui révèlent des tactiques d'une complexité à couper le souffle lors de leurs attaques d'autres Mammifères marins. Ce sont les seuls cétacés à le faire. Ils peuvent prendre pour proie de petits animaux comme des phoques se trouvant sur une plage mais aussi cibler des baleines bien plus grosses qu'eux sans marquer aucun signe d'hésitation ou de peur, et le plus souvent avec succès.

Par exemple, à quelques kilomètres au large des côtes de l'Oregon, un clan d'orques nomades se prépare à une attaque. Ils ont trouvé une baleine grise et son petit qui se dirigent vers le nord, allant de leur site de reproduction à Baja en Californie vers les eaux froides d'Alaska pour se nourrir. Les orques suivent à faible distance la mère et son petit, les pressant d'avancer, dans l'attente que le petit se fatigue et que la mère ralentisse. Les orques, elles ont le temps. Leur corps puissant et bien adapté leur permet de parcourir de grandes distances sans montrer aucun signe de fatigue ce qui n'est pas le cas du baleineau nouveau-né. La fuite l'a épuisé et sa mère doit freiner leur progression pour qu'il puisse un peu récupérer. C'est le moment patiemment attendu par les orques, l'occasion qu'ils ont préparée.

D'une manière synchronisée, ils attaquent alors le baleineau presque inerte. La baleine grise essaye de protéger son petit, repoussant les assauts venant de tous les côtés de sa queue puissante, même si ses efforts s'avéreront finalement inutiles. Les orques se déchaînent alors de toutes parts dans un implacable ballet, arrachant des morceaux de chair et mordant la queue du baleineau pour briser ses dernières tentatives de fuite. Le clan des orques finit par réussir et s'abat sur le cadavre du baleineau, se nourrissant à volonté jusqu'à leur départ d'un bloc. Affolée par la mort de son petit et fatiguée de se défendre, la mère reste un temps auprès du corps mort de son petit avant de reprendre sa route vers le nord. C'est à une communication complexe que le clan des orques doit son succès, alors qu'un seul attaquant n'aurait eu aucune chance.

Ce que nous savons des dauphins en tant que « mécaniques de chasse » vient principalement de nos observations de surface. Debouts sur le pont d'un bateau de recherche en haute mer, assis près du rivage sur un petit canot pneumatique ou placés sur une falaise avec des jumelles, nous essayons de glaner ce que nous pouvons voir de la vie des dauphins en surface. Mais le milieu sous-marin garde encore les secrets qu'ont ces chasseurs pour s'alimenter sur toute cette colonne d'eau. Alors que nous devons utiliser des équipements complexes pour explorer le monde sous-marin, pour un dauphin c'est pure routine quotidienne que de plonger à cinquante mètres ou plus. Afin d'exploiter au mieux les ressources des océans les dauphins se sont fortement adaptés à la plongée, ce qui leur permet de passer un maximum de temps en profondeur avec un minimum d'énergie. Retenir la respiration, ralentir le battement cardiaque et contracter les vaisseaux périphériques font partie des moyens physiologiques utilisés par ces champions de la plongée.

De telles capacités de chasse font que les dauphins peuvent présenter un intérêt pour d'autres habitants des mers en quête de nourriture. Au cours de mes travaux le long des côtes de Los Angeles, j'ai fréquemment observé des lions de mer à proximité des grands dauphins en chasse. Voilà deux espèces qui se déplacent et se nourrissent ensemble sans aucune trace d'hostilité ou de compétition entre elles. Cela me semblait assez singulier pour être étudié de plus près. Je découvris que les lions de mer se reposaient sur la capacité supérieure de détection des grands dauphins due à leur écholocalisation des proies. Dans certains cas, suivre les dauphins pose un défi aux lions de mer car les premiers peuvent nager beaucoup plus vite que les seconds. En filmant des lions de mer à la poursuite des dauphins, nous avons pu observer que certains d'entre eux redressaient la tête hors de l'eau pour repérer les mouvements des dauphins et ajuster alors à la fois leur direction et leur vitesse. Une fois arrivés, dauphins et lions de mer partagent leurs proies sans entrer en rivalité avant de reprendre chacun leur chemin.

À première vue, les lions de mer semblent les grands gagnants de ces regroupements mais les dauphins pourraient aussi profiter de ce partage des ressources. Par exemple, la présence de nombreux prédateurs dans une zone peut pousser les poissons à se réfugier sous forme de bancs, ce qui augmente le potentiel de capture à la fois pour les dauphins et les lions de mer.

Si les diverses espèces de dauphins sont des as en prédation, capables d'utiliser à la fois leur intelligence pour trouver des groupes très dispersés de poissons ou d'autres animaux et leur vitesse et leur agilité pour les attraper, au moins un grand singe, le chimpanzé, capture et mange aussi des animaux. Les chimpanzés chassent des singes, des cochons sauvages, des antilopes et d'autres petits Mammifères. Peu de personnes crurent Jane Goodall lorsqu'elle rapporta pour la première fois la consommation de viande par des chimpanzés sauvages, alors que la chasse est une activité complètement routinière et naturelle dans leur vie.

La plupart des primates consomment un peu de protéines animales, en général sous la forme d'insectes. Dans les forêts tropicales d'Amérique centrale et du Sud, les singes capucins se nourrissent de divers petits animaux tels que les écureuils et d'autres rongeurs. Les babouins chassent aussi de petits Mammifères tels que les lapins et les petits des antilopes. Mais seuls les chimpanzés s'adonnent à un comportement systématique de prédation qui aurait été à la base de la vie de nos plus lointains ancêtres humains. Dans toutes les forêts où les chimpanzés ont été étudiés en détail, ils s'attaquent à différents vertébrés dont des dizaines d'espèces de Mammifères. Le singe colobe est la proie la plus souvent consommée. Certaines années, les chimpanzés du parc national de Gombe en Tanzanie tuent plus de 800 kg d'animaux, pour la plupart des colobes.

La chasse revêt une dimension sociale, que ce soit celle des poissons pour les dauphins, ou des singes pour les chimpanzés. Ces derniers, le plus souvent des mâles adultes, attaquent les groupes de singes qu'ils rencontrent au cours de leurs excursions en quête de fruits. La chasse, la capture et l'exécution des proies sont saisissantes, souvent terrifiantes, et reflètent toujours la nature sociale des chimpanzés. Pour un lion, le zèbre qu'il pourchasse peut n'être que de la viande mais pour un chimpanzé, l'opportunité de tuer puis de partager une proie n'est pas seulement un acte de nutrition mais prend aussi une signification sociale. Les singes, cochons ou antilopes que le chimpanzé capture peuvent parfois devenir des atouts dans la dynamique sociale du groupe, une monnaie d'échange pour négocier de nouvelles alliances, exacerber le différend avec un ancien rival ou bien s'assurer d'un statut auquel ne pourrait prétendre un chimpanzé sans proie.

La chasse au singe commence par une rencontre inopinée dans la forêt. Les chimpanzés vont d'une vallée à l'autre à la recherche de fruits mûrs et, de temps en temps, ils passent sous un arbre où se tient un groupe de colobes. Ces singes à longue queue habitent le sommet des arbres et pèsent tout au plus 4 kg, ce qui, sans jeu de mots, ne pèse pas très lourd face aux 45 kg d'un chimpanzé adulte. Contrairement à la plupart des autres singes qui s'enfuient à l'approche des chimpanzés, les colobes continuent de manger leurs feuilles jusqu'à ce que les chimpanzés soient au pied de leur arbre. C'est alors que se produit une explosion de cris d'alarme aigus et de regards nerveux. Les femelles récupèrent leurs petits et les mâles se regroupent pour former un bouclier protecteur. Les chimpanzés doivent alors décider s'ils continuent leur marche ou s'ils tentent le coup. S'ils décident de les chasser, et les facteurs mentaux à l'origine de cette décision sont aussi fascinants que mystérieux, ils commencent à grimper dans l'arbre. Les colobes mâles descendent souvent au premier embranchement de l'arbre pour faire écran et empêcher les chimpanzés d'y accéder.

Si ces derniers persistent et arrivent à franchir ce barrage, plusieurs choses peuvent se produire, mais cela finit toujours mal pour les colobes. Les chimpanzés peuvent se ruer sur les femelles ayant un petit pour l'attraper, et elle avec si elle résiste. Le plus souvent elle laisse presque sans rien faire le chasseur lui arracher son petit des bras, qu'il tue en le mordant d'un coup à la tête. Les chasseurs peuvent aussi capturer et tuer un ou plusieurs mâles. C'est le plus souvent le cas dans les forêts d'Afrique de l'Ouest, peut-être parce que les chimpanzés y sont plus gros et les colobes plus petits qu'en Afrique de l'Est. Ces mâles sont alors tués en étant écrasés contre un tronc ou le sol. Les chimpanzés continuent parfois leur chasse après avoir tué deux, trois, quatre ou, plus rarement, jusqu'à une dizaine de singes. Dans ce cas, un groupe entier de singes peut se retrouver décimé en quelques minutes.

Quarante ans après que Jane Goodall ait assisté pour la première fois à la chasse chez les chimpanzés, on en sait beaucoup plus sur leur mode de prédation. À Gombe, le colobe rouge représente plus de 80 % des proies consommées. Dans ce cas, les singes sont tués sans distinction et la plupart sont des jeunes, souvent de tout-petits. Les chimpanzés sont surtout des consommateurs de fruits et ne passent que 3 % de leur temps à manger de la viande, moins que dans toutes les sociétés humaines. Ce sont essentiellement les mâles adultes ou adolescents qui font la chasse ; ils sont responsables de 90 % des proies tuées à Gombe. Les femelles chassent aussi, mais le plus souvent elles reçoivent une part de viande d'un mâle qui l'a soit conquise soit volée à un autre. Bien que les chimpanzés solitaires, mâles ou femelles, chassent parfois par eux-mêmes, la plupart des chasses sont collectives.

La quantité de viande consommée n'est pas négligeable. Certaines années, les 45 chimpanzés de la communauté Kasakela à Gombe tuent et mangent des centaines de kilos de proies. Pendant la saison sèche, cela revient à 65 g de viande par jour pour chaque adulte, ce qui n'est pas très loin de la quantité consommée par les membres de certaines sociétés humaines de chasseurs-cueilleurs.

Jane Goodall a observé très tôt que les chimpanzés pouvaient avoir des « délires de chasse » au cours desquels ils se mettaient à chasser et à tuer un grand nombre de singes et d'autres proies. Le plus intense auquel nous ayons assisté s'est produit au cours de la saison sèche de 1990. De fin juin à début septembre, sur une période de 68 jours, les chimpanzés ont tué plus de 70 singes colobes au cours de 47 épisodes de chasse.

La chasse revêt une base à la fois sociale et alimentaire chez les chimpanzés sauvages. Les premiers chercheurs ont dit qu'elle pouvait être une forme de parade sociale au cours de laquelle un mâle essaye de montrer ses prouesses aux autres. Richard Wrangham qui conduisit à Gombe la première étude systématique de l'écologie comportementale des chimpanzés, en avait conclu que la prédation avait une raison alimentaire mais que certains aspects de son comportement ne pouvaient pas s'expliquer par les seuls besoins nutritionnels. Les chercheurs du projet des Mahale Mountains ont rapporté que le mâle alpha de la communauté, Ntologi, utilisait la viande capturée comme instrument politique, la retirant à ses rivaux et la distribuant à ses alliés.

Il me semblait initialement que le fait de chasser devait avant tout remplir une fonction alimentaire. La viande des singes et d'autres proies représente un assortiment de protéines, de graisses et de calories sans équivalent chez les plantes. J'ai donc étudié la relation entre chances de succès et quantité de viande disponible suivant les individus. Ce qui revient à se demander quand vient le moment où la chasse vaut le coup en termes de temps, d'énergie et de risque. Quand est-ce qu'un chimpanzé décide-t-il de se joindre ou pas à une partie de chasse ? Et en quoi est-ce plus avantageux que de chercher des fruits ? Les résultats furent surprenants. Je m'attendais à ce que la quantité de viande disponible pour chaque chasseur augmentât avec leur nombre. Cela aurait expliqué la nature sociale de la chasse chez les chimpanzés à Gombe. Si la quantité de viande obtenue baissait avec un nombre plus élevé de participants à la chasse, mieux valait chasser seul qu'en groupe. Les chances de succès d'une chasse pratiquée seul ne sont que de 30 % tandis que celles de groupes comportant 10 ou plus participants approchent les 100 %. Il s'avéra qu'il n'y avait aucune relation, ni positive ni négative, entre le nombre de chasseurs et la quantité de viande obtenue par individu. Cela est peut-être dû au fait que même si la probabilité de succès augmente avec le nombre de chasseurs, l'animal le plus souvent attrapé est un bébé colobe d'un kilo. Pour 4 ou 14 chimpanzés, une si faible quantité de viande ne représente plus grand-chose pour chacun.

Une fois les proies tuées, le rituel de partage et leur consommation peuvent débuter. Parfois, un individu emporte sa récompense dans les feuillages denses pour un repas en privé bien mérité. Le plus souvent, le gibier est consommé en public, car le partage ou le refus de partager ont une signification sociale dans la société des chimpanzés. S'il est de rang élevé, un mâle qui n'a pas attrapé de proie peut simplement se servir chez un congénère de moindre statut en toute impunité. L'individu en possession de viande devient le centre d'intenses demandes. C'est avec les mains ouvertes, parfois même insérées dans la bouche de celui qui est en train de manger, que les autres l'assaillent pour un morceau de cette denrée rare riche en protéines et en graisses. Les alliés ou les proches reçoivent des privilèges sous forme de viande. Parfois, ceux qui ont aidé à la capture du gibier sans en obtenir ont aussi droit au repas. Le partage de la viande est un acte de pouvoir avec un message public évident. Un mâle évitera non seulement de partager avec un rival mais il le snobera à dessein pour montrer à tout le monde combien lui-même est impressionnant et son rival quantité négligeable. Les anthropologues ont analysé le comportement de chasse des chimpanzés sous toutes ses coutures car le fait de manger de la viande est considéré comme fondateur dans la voie vers l'hominisation. Dans un lointain passé, il y a 2 à 3 millions d'années, la viande devait être très recherchée, qu'elle soit obtenue par la chasse ou par la découverte de charognes. L'usage des outils s'est certainement perfectionné car il permettait aux premiers hommes d'obtenir plus de nourriture d'une meilleure qualité. Le petit singe ou le cochon ont ensuite pu être délaissés pour des animaux plus massifs comme le zèbre ou le gnou lorsque la coopération d'individus et le dépeçage avec des outils tranchants sont apparus.

Les diverses stratégies de chasse utilisées par les dauphins et les singes illustrent parfaitement la complexité de leurs sociétés. Un prédateur isolé a besoin d'être agile et bien équipé pour chasser et tuer sa proie, ce qui n'est pas forcément le cas pour un animal social. Pour les membres d'un groupe, intelligence et capacité à coordonner leurs actions deviennent prépondérantes. La complexité sociale des Mammifères au cerveau développé ne se réduit cependant pas à la seule description de leur comportement de chasse. Dans les chapitres suivants, nous verrons la nature des relations sous-jacentes qui rendent cette complexité possible.

4

Sociétés de dauphins et de grands singes : pourquoi et comment elles fonctionnent

L'aube se lève sur le parc national de Gombe en Tanzanie, un soleil orange émerge à l'est. Il lui faudra encore quelques heures pour apparaître sur la crête de montagne qui nous domine et éclairer la forêt en contrebas. Un groupe de chimpanzés s'éveille. Ils se roulent, regardent le ciel et s'activent peu à peu dans la fraîcheur du matin. Un à un, ils se redressent de leurs nids. Chaque arbre contient un ou deux nids. Un grand *Chrysophyllum* abrite ainsi plusieurs nids récents et beaucoup d'autres plus anciens tout fanés. Chaque chimpanzé encore engourdi est assis sur la branche de son nid et fixe le sol plusieurs mètres plus bas. Les minutes passent et la vision de la forêt s'éclaircit ; des formes émergent de la pénombre : ce sont d'autres chimpanzés. Ils sont descendus en silence de leurs arbres et restent assis comme des blocs sur le flanc de la colline.

À 5 h 45, comme si c'était prévu, l'un des plus vieux mâles se lève et s'éloigne de l'aire de repos vers le nord. Plusieurs autres mâles lui emboîtent immédiatement le pas, tandis que deux autres restent sur place. Quelques minutes plus tard, ces derniers se mettent à marcher vers l'ouest et descendent vers le bord du lac. Une mère et son petit prennent la direction du sud tout seuls. Et un couple de jeunes mâles demeure sur les lieux. Ils iront à l'est par la suite, vers les collines accidentées. Ce qui était à l'origine un groupe de 26 chimpanzés pour la nuit s'est fragmenté en au moins 5 composantes distinctes, formées chacune de 1 à 8 individus.

Un peu plus de sept heures avant cela, de l'autre côté de la terre, un soleil timide commence à éclairer le village de Rio Lagartos sur la côte nord de la péninsule du Yucatan au Mexique. Il est presque 6 h 30 du matin, au bout du fragile ponton d'un pêcheur. Les dauphins sont rarement en retard. Gordo, un Grand dauphin mâle bien dodu, arborant une belle entaille au milieu de sa nageoire dorsale, est le premier à apparaître dans la brume matinale. Il se dirige lentement vers l'ouest en longeant le rivage, suivi par le reste de la troupe à une centaine de mètres. Avec la lumière qui se renforce, leurs corps gris foncé défilent en procession devant la jetée. Ils sont quatorze au total : douze et une femelle avec son petit. Une vingtaine de mètres plus loin, ils se regroupent en cercle à côté d'une suite colorée de *pangas*, petites embarcations de pêche amarrées là. Certains plongent, d'autres s'ébattent en surface. Quelques-uns explorent tranquillement à tour de rôle le fond sableux tandis qu'un autre groupe de dauphins les rejoint venant de la direction opposée. Ils sont maintenant 24, sans compter quelques petits nageant près de leur mère, tous regroupés dans ce coin d'eau trouble qui peut cacher des poissons. Soudain, le cercle se déroule dans deux directions. Cinq dauphins retournent sagement vers le ponton tandis que les autres disparaissent rapidement vers l'ouest. Le soleil est déjà haut dans le ciel et ce qui semblait au départ un groupe unique et cohérent s'est recomposé puis de nouveau divisé. Passant les jumelles à mon assistant, j'abandonne mon observation sur le ponton pour aller au village prendre un petit-déjeuner de *huevos con chorizo*.

Des liens forts, des liens faibles

Dauphins et chimpanzés montrent de saisissants parallèles dans leur mode de regroupement en société. Les chimpanzés et leurs cousins bonobos ne forment pas des groupes stables comme on les définit traditionnellement. Ces groupes existent plutôt sous la forme d'un arrangement fluide et flexible que les primatologues appellent la polygynie de fission-fusion. La polygynie signifie qu'il y a plusieurs mâles et femelles dans le groupe. Cette organisation semble tellement lâche en apparence que ce n'est qu'après presque vingt ans d'études à Gombe que Jane Goodall a pu déterminer qu'il y avait réellement un ordre dans la société des chimpanzés.

Les premiers primatologues étaient convaincus que la société des chimpanzés n'avait aucune structure, avec une sexualité débridée, où les femelles s'accouplaient dans la promiscuité chaque fois qu'elles étaient en chaleur et évitaient les mâles le reste du temps. En fait la vie des chimpanzés est bien plus rangée et se déroule suivant un certain nombre de règles. Les femelles sont des stratèges qui s'accouplent aux mâles dans l'espoir de gagner leur soutien et plus encore leur docilité vis-à-vis de leurs futurs petits. Les mâles qui ont copulé avec une femelle et qui acceptent la naissance qui en découle comme leur propre progéniture peuvent avoir moins d'agressivité envers la mère et son petit. Dans le même temps, en incitant les mâles à se battre pour elle en présentant sa tumescence rose entre ses fesses, la femelle est à même de juger lequel est le meilleur dépositaire de la santé et de la vigueur génétique.

Un autre élément vient parachever cette structuration des relations et du partage de la nourriture et du sexe. Tous les chimpanzés dans un groupe local vivent en une communauté formée d'un assemblage stable de mâles et de femelles avec leurs petits. Comme les mâles restent sur les lieux de leur naissance alors que les femelles en partent à la puberté, les communautés tendent à être composées de mâles apparentés et de femelles qui le sont moins. Constituées de 20 à 120 individus, ces communautés ont un territoire bien défini dont le franchissement accidentel peut provoquer des effusions de sang.

Pourquoi un système aussi complexe ? Nous pensons que la tendance des chimpanzés à la fission et à la fusion est en rapport, comme chez les dauphins, avec la nourriture et la sexualité. Le but de la vie d'une femelle chimpanzé est de réussir à élever son petit, et elle doit avoir pour cela un accès optimal à la nourriture. Ce qui signifie éviter autant que possible la compétition. Elle passe donc une bonne part de sa vie à chercher des arbres riches en fruits mûrs, le plus souvent seule ou en compagnie de sa progéniture. Les mâles, pendant ce temps, n'ont pas de tels soucis alimentaires ni de petit à nourrir. Leur objectif est plutôt de trouver des femelles et de faire ce qu'il faut pour qu'elles entrent en gestation. Mais les femelles ne manifestent d'intérêt pour l'accouplement que durant 7 à 10 jours sur les 37 de leur cycle menstruel. Durant cette période fertile, elles donnent un signal clair de leur disponibilité sexuelle : une chair rose tuméfiée au milieu de leur postérieur. Lorsque le tissu est bien gonflé, la femelle cherche les mâles et les mâles cherchent aussi la femelle. Cela provoque la formation de grandes tournées temporaires de mâles et de femelles dans la forêt, les mâles recherchant l'affection des femelles et se battant parfois pour elles.

Les chercheurs se sont évertués à comprendre exactement ce qui façonnait la société des chimpanzés. La grande dispersion des fruits dans la forêt joue certainement un rôle important. Les feuilles sont abondantes mais présentent un faible intérêt nutritif. Contrairement aux feuilles, disponibles sur chaque arbre, les fruits ne sont présents qu'à une certaine saison et se trouvent de plus dispersés à divers endroits. Un chimpanzé à la recherche de fruits peut ainsi avoir à marcher des kilomètres entre deux arbres porteurs de fruits mûrs, avec le risque que l'arbre suivant ait déjà été visité par un autre primate, par un oiseau ou par une chauve-souris, pour ne citer que quelques animaux. La récompense d'un repas riche en sucres est suffisante pour pousser les chimpanzés à aller d'un arbre à l'autre. Car ils mènent une vie pleine d'énergie comparée à beaucoup d'autres animaux, et leur dépendance vis-à-vis des fruits, qui représentent entre les deux tiers et les trois quarts de leur alimentation, est à la fois une cause et une conséquence de ce mode de vie.

Leur système social si particulier pourrait être l'adaptation à une vie liée à la consommation de fruits mûrs. Comme les fruits se trouvent par paquets, rassemblés sur un arbre, la compétition pour la nourriture est probable parmi les membres d'une communauté de chimpanzés. Les femelles évitent une telle rivalité en se nourrissant de leur côté avec leur progéniture. L'éparpillement des femelles sur tout le territoire du groupe, même si chacune y a son aire préférée, fait que les mâles doivent garder un accès à elles tout en défendant ce territoire. Les femelles partiront à la puberté ou après pour éviter peut-être d'avoir à se reproduire avec leur père qui reste toute sa vie dans le groupe.

La communauté se compose donc pour une bonne part de femelles non apparentées venues de l'extérieur et d'un groupe de mâle qui sont nés et ont grandi ensemble au même endroit. Le seul moment au cours de la vie d'une femelle où elle est très sociable est lorsqu'elle est en chaleur. Sa tumescence sexuelle devient irrésistible pour les mâles et elle se trouve elle-même attirée par eux. Au cours de cette période de son cycle de cinq semaines, de grands groupes de mâles et de femelles avec leurs jeunes peuvent se former autour de ces femelles en chaleur.

Lorsque les fruits très désirés sont mûrs en même temps que les très désirées femelles, un joyeux tohu-bohu gagne toute la communauté. Les mâles se bousculent sur les femelles, des bagarres éclatent au sein de leur hiérarchie tandis que tous veulent accéder au même arbre.

Bien que la nourriture ait une influence indiscutable sur la formation du groupe, les relations sociales jouent aussi un rôle évident. Jane Goodall a été la première à dire que la société des chimpanzés était plus organisée autour de l'accès des mâles aux femelles que de l'accès aux fruits. Les chercheurs restent partagés sur cette question et beaucoup reconnaissent que les deux ont de l'importance. Par exemple, parmi les fameux chimpanzés de Gombe en Tanzanie, la présence d'une femelle en tumescence prédit un regroupement de taille car les mâles tendent à se réunir autour d'elle. Les grands groupes vont plus souvent à la chasse, et avec plus de succès, s'engagent plus facilement dans des agressions territoriales, montrent aussi plus de disputes et de rivalités pour s'accoupler. En d'autres termes, les histoires arrivent dans les grands groupes. On ne sait pas ce qui, de la nourriture ou des femelles en chaleur, a le plus d'influence sur la taille des regroupements. Cela dépend de celui que l'on étudie…

Fotolia © Fanny Deroite

Les sociétés de chimpanzés sont remarquablement uniformes à travers l'Afrique. Partout où elles ont été étudiées, les communautés apparaissent très fluides et jamais fortement soudées, formées de femelles venues d'ailleurs et de mâles restant sur place toute leur vie. Certaines communautés sont nombreuses – l'une d'elles, à Ngogo en Ouganda, comporte ainsi 120 membres – tandis que d'autres ne dépassent pas 25 individus. Elles peuvent être plus ou moins lâches. Dans le parc national de Taï en Côte d'Ivoire, les femelles sont mieux intégrées, alors qu'à Gombe elles sont pratiquement des électrons libres, circulant indépendamment, les mâles les rejoignant alors dans leur aire.

Ce type de société se rencontre aussi chez les plus proches parents des chimpanzés, les bonobos. Ces derniers vivent aussi en communautés centrées sur des mâles d'où partent les femelles lors de leur maturité sexuelle. La différence clé entre les deux espèces est la conduite des femelles : alors que les femelles chimpanzés font partie de la communauté sans beaucoup interagir et en subissent parfois de franches hostilités, celles des bonobos ont appris à faire leur chemin. Les observations faites en Afrique centrale dans les années 1980 ont stupéfait les scientifiques qui avaient étudié les chimpanzés : les femelles bonobos semblaient former des coalitions pour empêcher les mâles d'exercer leur pouvoir. Ces alliances créent dans la société bonobo une base de pouvoir pour les femelles qui fait largement défaut chez les chimpanzés. On a vanté ces dernières années les bonobos comme des singes qui « font l'amour et pas la guerre », en raison de leur sexualité prétendument débridée. Cela a laissé sceptiques les chercheurs qui observent les bonobos dans la nature. En revanche, le partage du pouvoir avec les femelles est indéniable dans la société bonobo, ce qui a de profondes implications si l'on veut prendre les grands singes comme modèles au cours de l'évolution humaine. Les chimpanzés vivent dans des sociétés où les mâles exercent leur pouvoir sur les femelles, parfois brutalement. Les femelles se démènent aussi, recherchant même si c'est en douce leur partenaire préféré, et cela au risque de se faire violenter. En revanche, chez les bonobos, les femelles cassent ce jeu de pouvoir ; dans la proximité forcée de l'enclos d'un zoo, il est arrivé qu'elles attaquent et blessent gravement des mâles, chose quasi inconnue chez les chimpanzés.

Leur organisation sociale peut être souple et variable mais d'autres liens sont en revanche très forts chez les chimpanzés comme chez les bonobos. Le lien central est celui qui unit la mère à son petit. L'histoire de la vie d'une femelle chimpanzé n'est pas très différente de celle d'une femme. Le bébé chimpanzé femelle dépend complètement de sa mère jusqu'à l'âge de 4 ans. La petite femelle chimpanzé est ensuite sevrée du lait de sa mère mais dépend encore psychologiquement d'elle pendant plusieurs années. À l'âge de 10 ou 11 ans c'est une préadolescente et, à 12 ans, elle a sa première tumescence. L'apparition soudaine de signaux sexuels chez la femelle en voie de maturité pousse les mâles à la traiter comme une partenaire potentielle, et cela change dramatiquement sa vie dans la communauté. C'est à cette période qu'elle peut commencer à faire des escapades en dehors de son groupe, à faire des visites, pour ainsi dire, aux groupes voisins. Avec le temps, ces visites deviennent régulières et plus longues. Entre l'âge de 13 et 15 ans, elle va s'installer dans une autre communauté et commencer une nouvelle vie en tant que mère, bien que dans certains sites les femelles restent dans leur communauté d'origine.

Même si la jeune femelle connaît des accouplements à partir de 11 ans, elle n'est pas gestante avant l'âge de 15 ans et n'accouche de son premier petit qu'à partir de 16 ou 17 ans, après environ 8,5 mois de conception. Ensuite, elle donnera naissance à un petit tous les 4-5 ans jusqu'à la fin de sa vie, à un âge qui peut approcher la cinquantaine dans la nature, si la maladie ou les prédateurs ne l'abrègent pas bien avant, et la soixantaine en captivité. La seule différence frappante entre la femelle du chimpanzé et la femme est la ménopause, arrêt brutal de la période reproductive chez la femme, après laquelle elle peut vivre encore plusieurs décennies. Ce n'est pas le cas chez la femelle chimpanzé, dont la fertilité peut décroître avec l'âge mais qui reste capable de procréer pratiquement jusqu'à la fin de sa vie. Les anthropologues se sont longtemps questionnés sur cette différence évolutive. La théorie privilégiée pour expliquer la ménopause humaine est qu'il y a un avantage adaptatif à ce que la femme cesse sa propre activité reproductrice et puisse aider ses enfants à s'y mettre à leur tour, c'est-à-dire à prendre le rôle de grand-mère.

Le chimpanzé mâle, au contraire, passe toute sa vie au même endroit en compagnie de ses frères, cousins et autres parents mâles. Ils ont la même histoire de vie lente et longue que les femelles, sauf que lorsqu'ils arrivent dans leur deuxième décennie ils ont tendance à devenir moins sociaux, circulant seuls et vivant comme des postulants qui ne trouvent pas d'accueil facile parmi la cohorte des adultes. Vers 15 ans, les mâles commencent à rivaliser avec leurs aînés et se joignent aux expéditions. Ils essayent de chasser avec les mâles plus âgés bien que s'ils attrapent un singe ou un cochon, il leur sera rapidement enlevé par de plus gros chasseurs. Durant les patrouilles de territoire, ce sont des participants empressés quoique naïfs.

Les années suivantes, les mâles arrivent à leur maturité sexuelle et sociale et commencent à grimper dans la hiérarchie. L'échelle de dominance est un élément central dans la société des chimpanzés. Ce n'est pas un chemin linéaire mais plutôt un ensemble complexe de relations de dominance et de subordination entre mâles et femelles. Comme nous le savons déjà, une constante dans la dominance chez les chimpanzés est que même le mâle de plus faible rang reste dominant sur la femelle la plus haut placée. Aussi, lorsqu'un jeune mâle veut monter dans la hiérarchie, il commence systématiquement par défier chaque femelle. Des attaques simulées, rarement violentes physiquement, suffisent en général à mettre le mâle en position dominante par rapport aux femelles. Puis vient le tour des mâles. La dominance chez les mâles dépend beaucoup du contexte et des alliés de chacun. Au lieu d'être un « ordre de piquage » (« pecking order ») linéaire comme chez les poules, il s'agit plutôt d'une affaire compliquée où le statut d'un mâle peut basculer suivant qui, de ses alliés ou de ses rivaux, se trouve assis près de lui à un moment donné. L'enjeu de la dominance se remporte non par la force brute mais par la ruse politicienne. De même qu'un président ne doit pas son pouvoir à sa taille, un chimpanzé de rang alpha peut être petit ou grand : ce qui importe c'est qu'il sache manipuler ceux qui l'entourent.

Quand un jeune mâle chimpanzé cherche comment monter dans la hiérarchie, défier simplement les mâles au-dessus de lui est loin de suffire. Il doit se rappeler qui est son allié, qui est son rival, et connaître le réseau complet des alliances qui gravitent autour de lui. Comme un personnage du *Roi Lear* de Shakespeare, un chimpanzé mâle ne doit pas provoquer un mâle de rang supérieur si ce dernier est accompagné de ses meilleurs alliés. Il attend plutôt qu'il soit seul ou en compagnie de ses rivaux, et utilise la tactique « l'ennemi de mon ennemi est mon ami ». En choisissant soigneusement le moment et le lieu, il peut faire plier un mâle avec l'aide d'autres de moindre rang, même si aucun d'entre eux ne peut défier seul ce mâle. Mettre en déroute un mâle alpha ne se fait pas forcément par la violence physique, même si c'est souvent le cas. C'est lui signifier en clair que le centre du pouvoir s'est déplacé dans la communauté et que, privé de ce pouvoir, l'alpha doit renoncer et céder la place. En pratique, la plupart des alphas qui perdent ainsi leur statut passent un certain temps, souvent plusieurs mois, presque seuls puis retournent au sein de la communauté en ayant retenu la leçon et rabaissé leurs prétentions machistes.

Dans le meilleur des mondes, un mâle qui gagne en maturité peut grimper dans la hiérarchie jusqu'à ce qu'il puisse défier l'alpha. Mais la majorité d'entre eux s'arrêtent avant et se bornent à utiliser leurs alliances avec des mâles de rang inférieur ou supérieur pour assouvir leurs propres intérêts dans la communauté. Il y a de rares exceptions. Goblin, de la communauté Kasakela à Gome, commença à défier le mâle au sommet lorsqu'il était encore un jeune de 10 ans, du jamais vu dans la société chimpanzé. Et cela réussit. Lorsqu'il eut 13 ans, âge où la plupart des mâles cherchent encore comment vivre en paix avec les autres plus âgés sans s'attirer trop d'agressions, Goblin était devenu le plus élevé des mâles dominants de la communauté. Il garda son statut pendant près de quinze ans et même longtemps après avoir été jeune, il demeura le « faiseur de roi », renversant ses alliances au jour le jour et à sa guise. Le mâle alpha Ntilogi des montagnes Mahale représente un exemple encore plus extrême de réussite sociale. Il commence par être l'alpha pendant 10 ans avant d'être renversé. Il passe un certain temps à l'écart de sa communauté et là l'exceptionnel arrive : il revient et reprend sa place, qu'il gardera jusqu'à sa mort à près de cinquante ans.

La trajectoire des chimpanzés mâles ou femelles ne diffèrent donc pas tellement des nôtres, si l'on excepte la recherche d'une plus grande égalité des sexes chez les humains. Pour les deux sexes, le point commun darwinien est le succès reproductif. Mâles et femelles, qu'ils soient dauphins ou grands singes, ont leur propre stratégie pour y arriver. Une femelle chimpanzé ne porte qu'un petit à la fois et n'en aura que quelques-uns au cours de sa vie. Chaque petit doit donc recevoir une dose de soins maternels aussi longue et importante que nécessaire. Pour un chimpanzé, cela représente quatre à cinq années de maternage, suivies de plusieurs autres vécues dans une dépendance à la fois émotionnelle et psychologique à la mère. À côté de cela, le mâle consacre à peine quelques minutes ou quelques heures de sa vie à s'accoupler avec la mère de ses petits. Dans tous les cas, il n'apporte aucun soin parental.

Bien que cette description puisse vous faire penser que la société chimpanzé est complètement sous la coupe des mâles, ce n'est pas forcément le cas. Cette différence de stratégie chez les mâles et les femelles induit des réflexions plus larges sur leur société. Le plus grand investissement en temps et en énergie des femelles laisse penser qu'elles sont aussi plus sélectives sur le choix de leurs partenaires qu'ils ne le sont à leur égard. La sélection du partenaire chez les femelles est effectivement très active. Elles se cachent discrètement derrière les fourrés pour s'accoupler avec d'autres mâles que l'alpha et éviter que celui-ci ne les attaque et ne les batte. Quand un chimpanzé mâle veut s'accoupler avec une femelle, il lui signale par un geste de la main son désir. Un signal commun est de prendre un buisson voisin et de le secouer rapidement. Si la femelle désirée ignore ce geste, il le secouera encore mais avec plus d'insistance. Si le signal répété n'attire pas l'attention voulue de la part de la femelle, le mâle peut l'attaquer et la brutaliser. Néanmoins, la femelle ne se soumet pas toujours aux intentions sexuelles du mâle, malgré le risque de violences physiques. Les femelles des quatre espèces de grands singes jouent un rôle actif dans leur société et ne sont pas les cibles passives des tactiques sexuelles mâles. On pourrait même dire que les femelles sont l'élément moteur de la société chimpanzé quand on voit combien les mâles semblent consacrer d'énergie pour obtenir leurs faveurs.

Et les femelles s'accouplent très facilement. Caroline Tutin, une chercheuse qui travaillait à Gombe, dans les années 1970, a observé une femelle en tumescence copuler avec une demi-douzaine de mâles dans la même journée. Pourquoi une femelle rechercherait-elle autant le contact qu'elle en vienne à s'accoupler avec la plupart des mâles de son groupe sur un si court laps de temps ? Elle peut tenter de faire croire aux mâles à la ronde qu'ils sont tous pères en puissance du futur nouveau-né. Les femelles ont parfois vraiment besoin de la protection des mâles, lors des incursions de bandes de mâles voisins par exemple. Les femelles doivent aussi se préoccuper du fait que les mâles de leur propre communauté peuvent se retourner contre leurs petits. L'infanticide a déjà été observé au cours de certaines études sur le terrain, chez les chimpanzés comme chez les dauphins, bien que les circonstances et les causes de cet acte soient moins claires que pour d'autres primates où la destruction des petits entre dans un scénario évolutif. S'accoupler avec plusieurs mâles peut être un moyen pour la femelle de consolider ses liens avec eux, en prévision de l'avenir, et d'obtenir au moins une attitude neutre et non hostile à son égard.

Certaines études ont apporté des indications génétiques que les femelles vivant dans une communauté donnée pouvaient tenter d'avoir des petits en douce avec des mâles de communautés voisines. En d'autres termes, elles pouvaient vivre avec un groupe de mâles mais s'approvisionner aussi en gènes ailleurs. Ceci témoigne encore de la capacité des femelles à être indépendantes dans la société chimpanzé et à ne pas être nécessairement soumises aux mâles. Plutôt que de chercher à considérer que la société chimpanzé est sous dominance mâle ou dirigée par des femelles, nous devrions plutôt la voir avec le même regard que nous portons sur la nôtre. Il y a des sphères d'influence, traditionnellement essentiellement contrôlées par les hommes mais, dans un certain nombre d'entre elles, les femmes exercent aussi un contrôle et une influence.

Certaines espèces de dauphins ne vivent pas en groupes stables mais plutôt fluides, dans des sociétés à fission-fusion comparables à celles des grands singes terrestres. L'organisation sociale des Grands dauphins, par exemple, est similaire à celle des chimpanzés en ce sens que les mâles adultes forment de fortes alliances entre eux. Les femelles des chimpanzés et des Grands dauphins sont toutes deux en chaleur à plusieurs reprises dans la saison, ont des intervalles de temps similaires entre les naissances et atteignent leur maturité sexuelle au même âge environ. Dans les deux espèces, mâles et femelles tendent à se regrouper quand les femelles deviennent réceptives et la promiscuité sexuelle semble alors la règle aussi bien dans l'océan que dans la forêt. Les agressions et actes belliqueux entre mâles rivaux ainsi que les forts liens unissant les mâles sont un autre aspect commun aux deux espèces mais, chez les dauphins, ils jouent un rôle particulier comme je l'ai découvert un matin, au cours de ma recherche sur le terrain.

Je venais de finir mon petit-déjeuner quand je reçus un appel de mon assistante sur le talkie-walkie du ponton. Au ton de sa voix, c'est urgent. Elle m'annonce tout excitée que deux dauphins harcèlent Bonita. Celle-ci est une femelle dauphin qui fréquente les eaux de Rio Lagartos. Elle a une tache noire reconnaissable sur sa « joue » gauche qui nous fait penser à un grain de beauté. Nous avons souvent observé Bonita près des *pangas* amarrés et suivre parfois les pêcheurs lorsqu'ils partent au petit matin vers le large.

Quand j'arrive sur les lieux, mon assistante fait de grands gestes et tente de me dire en quelques mots ce qui se passe. Je peux voir Bonita près d'un *panga* rouge. Derrière elle, deux nageoires dorsales la suivent de près. Elle fait des mouvements brusques de panique en se déplaçant entre les bateaux à quai, venant à la surface de façon irrégulière pour prendre un peu d'air. Elle cherche à s'échapper. Les mâles collent à elle de manière synchrone, la chargeant des deux côtés, se retournant de temps à autre pour lui pincer les nageoires pectorales. Ils viennent se cogner à elle à plusieurs reprises, empêchant toute tentative de leur échapper. Cela se poursuit encore quelques minutes jusqu'à ce que Bonita réussisse finalement à fuir et à gagner le large, enfin en sécurité, au moins pour aujourd'hui.

Bonita a fait l'expérience, à Rio Lagartos, de l'une des stratégies adoptées par les Grands dauphins mâles pour s'accoupler avec des femelles. À Sarasota, en Floride, et dans la Shark Bay, en Australie, deux ou trois mâles peuvent former une alliance pour s'accoupler à une femelle. Cela peut durer quelques minutes ou se poursuivre des mois. Leur comportement peut prendre la forme d'une simple chasse ou évoluer en une traque agressive. Il s'agit d'empêcher la femelle de fuir ou de rejoindre d'autres mâles. Pour solliciter un rapport sexuel et « convaincre » une femelle de ne pas les délaisser pour aller s'accoupler à un autre mâle, l'alliance des mâles peut émettre des « pops » de basse fréquence. Les mâles peuvent aussi devenir de plus en plus violents envers leur partenaire sexuelle potentielle pour la contraindre à l'accouplement. Comme Bonita nous l'a clairement montré, ce type de harcèlement n'est pas toujours bien perçu par les femelles.

Cette sorte d'alliance est appelée alliance primaire, c'est la plus simple. Elle ne comprend que quelques mâles, et se produit généralement lorsque les liens qui les unissent sont vraiment forts. Elle fonctionne même lorsque le recours à la violence contre une femelle est nécessaire. Les alliances secondaires peuvent se produire lorsque deux alliances primaires collaborent pour protéger « leurs » femelles des intrusions d'autres alliances. Parfois, ces alliances deviennent assez grandes. En grandissant elles ont tendance à être moins stables car les liens entre les individus sont plus lâches. Les plus grandes associations prennent alors le nom de super-alliances. Dans celles-ci, les mâles peuvent changer souvent de compagnons pour conquérir des femelles, et le groupe peut devenir brutal avec d'autres alliances primaires externes si le succès reproductif est en jeu.

Dans les alliances primaires et secondaires, les mâles ont des liens de parenté. L'avantage de ces « liens de famille », dans une même alliance, est que chaque individu augmente sa contribution génétique aux futures générations même s'il n'est pas lui-même capable de s'accoupler. Tant que l'un de ses alliés l'est, les gènes sont gardés « au sein » de la même alliance. En d'autres termes, si vous ne pouvez pas avoir d'enfants mais que votre frère ou votre neveu le peut, votre nom, avec une partie de vos gènes, passera à la génération suivante. Toutefois, dans une super-alliance, les mâles peuvent n'avoir aucun lien de parenté. Alors pourquoi des regroupements aussi larges ? L'intérêt dans ce cas-là peut être la plus grande capacité à soumettre d'autres alliances, et à dérober leurs femelles, augmentant ainsi leur succès reproductif global.

En quoi diffèrent alors les liens entre mâles chez les chimpanzés et les dauphins ? Certains Grands dauphins forment des alliances pour accroître leur succès reproductif tandis que, chez les chimpanzés, elles servent à déterminer les rangs sociaux ainsi qu'à remporter les « guerres » entre communautés. L'agression entre dauphins mâles ne semble pas avoir la même fonction d'établissement de la dominance bien que, dans les sociétés de dauphins, l'on ne comprenne pas encore très bien le rôle joué par cette dominance. Le mécanisme de l'alliance va de pair avec un cerveau volumineux mais sa fonction est différente selon l'environnement envisagé : terre ou mer.

Cette forte association entre mâles ainsi que la « garde » commune de la femelle, observées chez les Grands dauphins, ne se retrouvent pas en général chez les autres espèces de dauphins. Les mâles des orques résidentes vivent dans des clans soudés où elles ont des liens plus forts avec leur mère qu'avec les autres mâles. On ne les a jamais vus joindre leurs forces pour tenter de contrôler des femelles. Les orques résidentes et les bonobos sont connus pour être des voisins corrects ayant des comportements pacifiques au sein de leur communauté respective. Même quand un groupe d'orques empiètent sur le territoire d'un autre, elles paraissent s'occuper de leurs affaires et ne montrent aucun signe d'agression.

Les clans d'orques sont vraiment de type matriarcal. Un groupe de résidentes peut être formé d'individus d'une ou deux lignées maternelles se déplaçant ensemble. Ces lignées comprennent une femelle et tous ses descendants directs, qu'ils soient mâles ou femelles. Les orques résidentes restent dans leur groupe d'origine toute leur vie. Les liens qui les unissent sont si forts que les animaux demeurent ensemble même lorsque la matriarche a disparu.

Elles évitent la consanguinité simplement en s'accouplant avec les membres d'autres clans externes à leur lignée. En fait, elles choisissent toujours un partenaire ayant un « langage » ou un « dialecte » différent. En d'autres termes, elles recherchent des individus qui ne leur ressemblent pas du tout. Dans le monde des orques, plus les dialectes sont proches, plus les individus sont apparentés.

C'est une autre histoire pour les orques nomades. Elles sont entièrement différents des orques résidents et n'ont aucun échange ni croisement avec eux. La relation entre la mère et ses petits diffère aussi. Après la naissance, ceux-ci restent avec leur mère quelques années mais ce lien peut se dissoudre lorsqu'ils arrivent à leur maturité sexuelle. Les mâles vont alors soit demeurer avec leur mère, soit les quitter pour devenir des individus solitaires qui formeront ensuite des associations labiles avec d'autres groupes. Les femelles quittent généralement leur mère à leur maturité pour rejoindre un autre groupe. Peu après leurs 20 ans, elles seront à l'origine de leur propre clan ou retourneront vivre avec leur mère.

La différence frappante du mode d'association entre orques résidentes et nomades peut s'expliquer par leur régime alimentaire bien distinct. Les seconds se nourrissent surtout de Mammifères marins pour lesquels la meilleure taille d'un groupe pour les chasser est de trois individus. Plus gros, le groupe est moins performant, et le mode matrilinéaire est donc délaissé. Pour les premiers, la compétition pour la nourriture n'est pas majeure et les rejetons n'ont pas de raison d'abandonner leur groupe natal.

Qu'en est-il des relations entre femelles chez le Grand dauphin ? La vie sociale des femelles semble largement varier entre les différentes populations et en leur sein-même, encore plus que chez les chimpanzés. Certaines sont solitaires, d'autres passent la plupart de leur vie dans des coalitions de femelles appelées bandes qui servent à les protéger des mâles agressifs. Ces bandes sont particulièrement bien étudiées dans la baie de Sarasota où les chercheurs ont relevé une remarquable stabilité de ces associations. Même sur plusieurs années, ils n'ont observé que très peu de changements dans la composition initiale de ces bandes. Mais pourquoi existe-t-il de telles variations dans le regroupement des femelles ? La reproduction dépend de l'accès à la nourriture, aussi leur mode d'association est-il grandement influencé par les facteurs écologiques. La dispersion des proies dans l'océan et le risque posé par les prédateurs sont les deux facteurs les plus importants dans le développement des relations entre femelles. Les femelles « à éponges » de la Shark Bay, par exemple, passent beaucoup de temps seules à chercher des proies et ne semblent pas avoir besoin d'une bande pour survivre au jour le jour. Les femelles de Sarasota, au contraire, recherchent la compagnie qui peut leur offrir une protection pour leur petit contre les prédateurs ou contre des mâles. Dans une bande de femelles, un dauphin comme Bonita pourrait être en sécurité et à l'abri de mâles à problèmes croisant autour des *pangas* du Rio Lagartos.

Lorsque nous considérons la forte relation qui unit la mère à son petit, nous trouvons que chimpanzés et bonobos ressemblent beaucoup à leurs cousins aquatiques. La naissance d'un petit dauphin quelque part dans le Pacifique s'accompagne d'autant de soins, d'excitation et de soucis de la part de la mère et des femelles associées que celle d'un petit chimpanzé au cœur de la forêt africaine.

Les jeunes femelles du Grand dauphin, par exemple, montrent un intérêt très soutenu pour le déroulement de la naissance et ce qui s'ensuit. C'est pour elles un moyen très efficace d'apprendre comment s'occuper d'un petit. Lorsque c'est leur tour, elles sont déjà préparées à la maternité. La garde d'enfant est répandue chez les primates comme chez plusieurs espèces de dauphin, mais elle va plus loin chez les Grands dauphins.

Les petits chimpanzés de la réserve de Gombe Stream, en Tanzanie, ne s'écartent jamais de quelques mètres de leur mère au cours de leur première année alors que les dauphins nouveau-nés acquièrent, une certaine indépendance dès deux mois d'existence. Le lien avec la mère reste primordial mais d'autres femelles, appelées « tantes » par les chercheurs, peuvent prendre momentanément le relais auprès du petit, l'escortant parfois pour une virée à une centaine de mètres de sa mère. Élever un petit est aussi coûteux en termes de temps et d'efforts pour les primates, humains compris, que pour les dauphins, aussi les soins apportés par des proches peuvent-ils s'avérer très précieux. Dans notre monde moderne, le partage des soins parentaux par les proches est moins fréquent alors que, dans les sociétés de chasseurs-cueilleurs de nos ancêtres comme dans les quelques sociétés traditionnelles subsistant aujourd'hui, il était et reste la norme.

Pourtant, même avec cette aide supplémentaire, il peut arriver qu'un jeune de quelques semaines particulièrement précoce ait acquis tellement confiance en lui qu'il s'aventure seul. Un jour d'été, je surveillai d'un *panga* le long de la côte du golfe du Mexique Torta et Ben, une mère Grand dauphin et son petit. Ben avait à l'époque moins d'un mois et n'était pas encore très à l'aise pour respirer normalement. Au lieu d'avoir la respiration fluide de sa mère, il faisait surface de façon irrégulière en sortant la moitié du corps de l'eau pour inspirer et restant toujours aux côtés de sa mère. Nous nous rapprochâmes d'eux et arrêtâmes le bateau pour les observer. Fasciné par notre *panga* et les étranges individus à son bord, Ben abandonna la sécurité de Torta pour venir nous découvrir. Ce qu'il fit à ce moment me fit penser à la curiosité typique du petit enfant. Il avait le désir de découvrir les choses pour la première fois avec les mouvements encore maladroits de celui qui n'a pas encore l'habitude de sa nouvelle vie sur terre. D'abord, il examina notre moteur extérieur qui faisait de drôles de bruits et produisait une quantité énorme de bulles. Il semblait captivé par les formes sphériques remplies d'air qui écumaient à la surface. Puis, se tournant vers la proue, Ben remonta lentement sur la gauche, touchant presque mon bras de son rostre tandis que je me penchai pour mieux le voir. Durant tout ce temps, Torta restait tranquillement à distance. Elle était vigilante, tournant constamment la tête pour voir Ben, mais ne fit aucun mouvement pour nous rejoindre. Elle permettait à son petit de faire par lui-même ses premiers pas dans l'exploration du monde bizarre et inédit des étranges créatures que nous étions.

L'eau est le premier terrain de jeu pour le petit dauphin. Il peut gambader avec ses copains et grignoter des poissons à volonté avec sa mère toujours proche. Les petits ont beaucoup à apprendre de leur mère avant de prendre leur propre chemin mais, même au sein des groupes, le temps passé avec ou sans leurs parents ou leurs proches est très variable. Contrairement aux dauphins, les mères orques ne reçoivent pas d'aide de la part des autres femelles pour élever leur petit. Allant plus loin encore dans leurs efforts d'éducation, elles font de grands efforts pour les encadrer et montrent une grande inventivité dans les techniques d'apprentissage comme le montre l'histoire ci-dessous.

C'était dans la soirée du 15 janvier 2006 à bord du *National Geographic Endeavour*. Le bateau passait juste le cercle Antarctique lorsqu'un petit groupe d'orques attira l'attention des chercheurs. Ce qu'ils voyaient n'avait encore jamais été observé. Il s'agissait d'une technique de chasse très organisée, menée avec une précision mortelle par des tueurs professionnels. Des orques gris et blancs se rapprochaient lentement d'un phoque qui se tenait sur une plaque de glace. D'une manière très coordonnée, elles fonçaient vers le bloc de glace et viraient au dernier moment pour créer une vague assez forte pour le basculer et déloger ainsi le phoque de son refuge. Quelques mâles restaient à l'écart, surveillant attentivement toute l'opération. Leur rôle était semble-t-il d'observer et d'apprendre la stratégie utilisée par les adultes pour leur propre usage à venir. Un jour, ce serait aussi leur tour de transmettre aux nouvelles générations cette technique de chasse fructueuse, une capacité de plus qui pouvait s'avérer vitale pour la survie du groupe dans les eaux glacées de l'Antarctique.

Lorsqu'un jeune dauphin arrive à un certain âge ou lorsque sa mère entame une nouvelle gestation, celle-ci peut décider de ne plus s'en occuper, et cela quel que soit le degré d'attachement que lui manifeste encore son petit. Si ce dernier ne veut pas s'éloigner, la mère peut devenir plus agressive, et il peut alors se retrouver seul avec quelques marques de dents en plus. Pourtant, la séparation est une étape nécessaire. Après avoir appris les compétences sociales requises pour la vie en groupe et les techniques de recherche de nourriture, le jeune dauphin doit faire ses armes à la chasse et vivre de façon autonome. D'habitude, il est en bonne compagnie car d'autres jeunes prennent aussi leur indépendance dans le vaste océan de leur nouvelle vie.

La vie sociale d'un Grand dauphin peut varier substantiellement d'un individu à l'autre suivant qu'il a été élevé par une mère de rang social élevé ou plutôt solitaire. Dans un environnement très social comme les eaux au large de Sarasota, par exemple, les jeunes passent beaucoup de temps à jouer entre eux et à développer ainsi leurs aptitudes sociales. Le jeu semble très important dans la vie du jeune dauphin mais sa signification est encore peu comprise. Il pourrait renforcer les talents sociaux pour la suite de leur vie ou renforcer les liens entre individus. Les mâles sont les plus impliqués dans les jeux, changeant de rôle comme des acteurs hollywoodiens, et tentent de monter les femelles (ou parfois leurs camarades). C'est aussi à ce moment-là qu'ils commencent à établir une sorte de dominance hiérarchique, expression d'un pouvoir et d'un contrôle sur leurs pairs qui semble perdre de son importance chez l'adulte.

On peut faire de nombreux parallèles entre les dauphins et les grands singes concernant leurs alliances sexuelles, les liens mère-fils, la chasse et la violation de leur territoire. Coïncidences ou effets résultant de mêmes causes chez des animaux de parenté éloignée mais tout aussi intelligents ? Quels facteurs communs dans l'environnement, le comportement social et la taille du cerveau pourraient produire un tel degré de complexité de l'intellect chez deux groupes d'animaux par ailleurs si différents ? Pour tenter de répondre à cette question, nous devons nous tourner vers la cognition chez ces animaux et considérer comment peut évoluer l'intelligence.

5

Des esprits en quête de connaissance dans les mers et les forêts

La qualité la plus rare parmi tous les êtres vivants est peut-être l'intelligence. Elle est très difficile à définir et plus encore à trouver dans le monde animal. Des 5 milliards d'espèces qui le composent, une poignée seulement a acquis un intellect de haut niveau : les grands singes et les hommes (avec dans les deux cas de nombreuses formes anciennes disparues), les dauphins et les baleines, peut-être les éléphants. La liste est courte, très courte même. Aussi devons-nous commencer par nous demander : « En quoi est-ce si intéressant d'avoir un gros cerveau ? » La réponse à cette question nous amène directement à chercher pourquoi précisément ces animaux, les grands singes et les dauphins, ont un cerveau aussi surdimensionné.

Les scientifiques ont débattu pendant des années de la manière de définir l'intelligence. Les tests d'intelligence usuels ne peuvent pas s'appliquer aux dauphins et aux grands singes. Le terme « intelligence » est très peu précis lorsque l'on parle de comportement animal : reflète-t-il l'apprentissage, la mémoire ou un autre facteur cognitif ? Les chercheurs du domaine considèrent qu'elle est peut-être mesurée par la capacité à résoudre des problèmes. C'est dans ce cas une adaptation fructueuse car elle permet à ces animaux de répondre efficacement à de nouvelles situations.

Chaque jour, les primates actuels comme nos lointains ancêtres doivent s'orienter dans un environnement physique et social qui met à l'épreuve leurs capacités de survie et de reproduction. L'intelligence est le moyen choisi par la sélection naturelle pour développer ces aptitudes chez les primates. On pourrait croire que certains animaux tombent par hasard sur leur nourriture mais en fait la plupart ont des tactiques bien rôdées pour la trouver. Les bourdons et les oiseaux-mouches parcourent un champ de fleurs en passant d'une rangée à une autre, utilisant une grille de recherche efficace. Les chimpanzés se nourrissent toute la journée en allant d'un arbre à l'autre : peuvent-ils se rappeler de l'emplacement de ces milliers d'arbres ou empruntent-ils un parcours qui les amène un peu au hasard aux arbres intéressants ? Beaucoup de fruits tels que les figues mûrissent de façon imprévisible, et pourtant des chimpanzés se rassembleront autour de l'arbre dès que ses premiers fruits seront mûrs. Cela laisse à penser que les singes surveillent l'état des arbres au cours de leurs expéditions et se souviennent de ceux qui vaudront le détour par la suite.

Les dauphins sont confrontés à un environnement d'une complexité comparable. Bien que l'océan puisse paraître sans rapport avec une forêt vierge, il n'est peut-être pas si différent en ce qui concerne la recherche de nourriture. L'océan est un espace immense avec des ressources très dispersées qui changent constamment de place. Les dauphins sont en quête de bancs de poissons, les grands singes, d'arbres ayant des fruits mûrs. Si, contrairement au poisson, l'arbre ne bouge pas, la nature temporaire et imprévisible de ses ressources en fruits rend aussi l'accès à ce type d'aliment difficile.

L'évolution a peut-être privilégié la capacité à se rappeler et à prédire à partir d'une expérience passée les meilleurs endroits pour trouver des bancs de poisson ou le moment de l'année où les arbres donnent leurs fruits. Cette théorie « écologique » de l'intelligence s'applique également aux premiers humains qui ont aussi dû faire face à un environnement d'une grande complexité.

Si l'environnement des dauphins et des chimpanzés est complexe, leur milieu social l'est bien plus encore. Les grandes capacités de leur cerveau se révèlent d'autant mieux dans les relations, voire les négociations, qu'ils entretiennent avec les autres membres de leurs communautés. Les scientifiques pensent actuellement que l'augmentation de la taille du cerveau qui s'est produite chez les grands singes et s'est poursuivie chez les premiers hommes a résulté de l'accent mis par la sélection naturelle sur les individus socialement intelligents. Cette théorie avance que le premier bénéfice d'un gros cerveau au cours de l'évolution a été de permettre aux singes et aux hominidés de traiter et même d'exploiter des relations sociales de plus en plus complexes. Dans un grand groupe, chaque individu doit se souvenir des alliances, des rivalités, des dettes et des crédits qui façonnent le réseau reliant ses membres. Ce n'est pas très différent de notre propre vie moderne. Le primatologue Frans de Waal a observé que les chimpanzés semblaient s'orienter vers une « économie de services » où les alliances et autres formes de soutien font l'objet de trocs. Richard Connor, un expert des Mammifères marins, a découvert que les grands dauphins mâles faisaient quelque chose de similaire en formant de solides alliances pour coopérer.

Les individus les plus aptes à exploiter ce tissu de relations sociales auraient obtenu un meilleur succès reproductif que les autres. La capacité à manipuler subtilement les autres est un aspect fondamental de la vie en groupe. Certains chercheurs avancent même qu'avec l'augmentation de la taille du groupe le néocortex s'est développé pour traiter les informations sociales supplémentaires, comme un central téléphonique est agrandi pour faire face à l'accroissement des communications. Ceci reste vrai même quand on prend en compte les formes évoluées de groupement social.

La palme de l'intelligence

Les grands singes et les dauphins ont des cerveaux d'une taille largement surdimensionnée rapportée à celle de leur corps. Dans les deux cas, c'est parce que leur néocortex est très développé, comparé aux autres animaux. Les dauphins possèdent en fait un néocortex plus grand que celui de n'importe quel primate, humains compris. En termes de volume cérébral relatif à la taille du corps, si l'on excepte l'homme, grands singes et cétacés sont au sommet des capacités cérébrales dans le monde animal.

Prendre le volume du cerveau comme indicateur de l'intelligence pose toutefois problème car les dauphins et les êtres humains l'utilisent pour des tâches différentes. La taille globale et le poids d'un cerveau de dauphin sont comparables aux nôtres mais une grande partie est néanmoins consacrée à produire et à interpréter les sons, qu'ils soient de type vocal ou sonar. Les organes et l'espace dévolus au système sonar expliquent en grande partie la différence entre les dauphins et les autres Mammifères. Les dauphins émettent des sons dans leur cavité nasale mais les transforment et les amplifient ensuite dans un tissu graisseux, appelé « melon », placé devant cette cavité. L'organisation de leur cerveau ressemble superficiellement à celle d'un singe : les lobes frontaux sont similaires à ceux de l'homme et les lobes temporaux hébergent une structure similaire au centre du langage chez l'homme. Dauphins et primates n'ont pas eu d'ancêtre commun depuis plus de 90 millions d'années et partagent pourtant des capacités cognitives qui ont convergé de façon surprenante. Beaucoup de chercheurs estiment cependant que ces similitudes sont superficielles et mettent en garde contre le fait de considérer l'intelligence comme un prérequis pour la complexité sociale observée chez les grands singes et les dauphins.

Quels sont les critères fondamentaux qui rapprochent les dauphins et les grands singes de l'homme, au pinacle de ce que nous appelons le « monde intelligent » ? Être adaptable, se souvenir, utiliser des outils, comprendre un langage, avoir conscience de soi font certainement de l'homme un être extraordinaire. Les dauphins et les grands singes auraient-ils les mêmes dons ?

Des as de la technique

Personne n'aurait imaginé il y a encore peu de temps qu'un invertébré d'ordinaire négligé comme l'éponge puisse devenir célèbre, notamment parmi les spécialistes des cétacés.

Cela débuta en 1984, dans la Shark Bay australienne, où l'on a pu observer Halfluke, une femelle Grand dauphin de l'océan Indien qui tenait avec son rostre une grande éponge en forme d'entonnoir comme un masque. Suite à ce qui semblait un phénomène sans lendemain, les chercheurs se mirent à remarquer que non seulement Halfluke mais aussi d'autres dauphins avaient ce comportement, toujours dans les eaux profondes de cette partie de la baie. Les dauphins inséraient soigneusement leur rostre dans les éponges coniques. La pression d'eau due au mouvement fluide du dauphin vers l'avant maintenait l'éponge en place. Tous les dauphins ne portaient pas ces capuchons moelleux, et seuls quelques individus solitaires l'ont fait sur une période de quelques années. Les chercheurs ont appelé ces dauphins, le plus souvent des femelles, des « porteuses d'éponge régulières ».

Du point de vue des chercheurs, il était intéressant d'élucider en quoi porter une éponge recouvrant une bonne part de la face du dauphin, et le gênant probablement pour ouvrir la bouche, pouvait être avantageux. Était-ce pour jouer ? Il y avait d'autres exemples connus de par le monde où les grands dauphins portent des objets, comme un ruban d'algues ou un morceau de plastique, et il était clair que les dauphins peuvent parfois s'amuser avec de simples jouets. Porter une éponge apparaissait toutefois comme un comportement stéréotypé et méticuleux chez certaines femelles solitaires qui pouvait durer des heures et se répéter sur de longues périodes de temps. C'était fait trop méthodiquement pour n'être qu'un jeu ; il y devait y avoir autre chose.

Les dauphins extrayaient-ils une substance antibactérienne ou antifongique des éponges ? On sait que plusieurs espèces dont la nôtre peuvent se servir de plantes présentes dans leur environnement pour se soigner. L'idée que les dauphins utilisaient les éponges dans ce but paraissait bonne mais ne résolvait pas tout. Pourquoi, par exemple, seules quelques femelles apparemment en bonne santé semblaient s'intéresser à ce remède exceptionnel ? Et pourquoi y avaient-elles régulièrement recours pendant des années ?

L'absence de réponses à ces questions mena les chercheurs à une troisième hypothèse plus séduisante. Beaucoup de stratégies de chasse ayant déjà été répertoriées dans la Shark Bay, il devenait évident que ces femelles « aux éponges » faisaient quelque chose de totalement différent. Lorsqu'on les observait, elles étaient en train de vadrouiller ou de faire de l'écholocalisation pour trouver de quoi se nourrir. Elles poursuivaient des proies par le fond tout en tenant leur éponge, la relâchant juste au moment d'attraper leur nourriture. Était-ce pour elles une sorte de protection ? Il semble que leur masque est une manière intelligente de se protéger de divers organismes toxiques présents dans le fond de la mer et d'éviter l'abrasion due au sable, gravillons et débris de coquillages qui parsèment le sol dans cette zone. En utilisant les éponges, les dauphins peuvent peut-être aussi agiter le fond et dégager des proies enfouies dans le sable. Ce comportement semble une « tradition » transmise verticalement de mères en filles.

Nous utilisons des outils comme des cuillères ou des baguettes dans notre vie de tous les jours mais peut-on considérer les éponges comme un « instrument » de collecte chez les dauphins ? Pour répondre à cette question il nous faut donner une description rigoureuse de « l'utilisation d'outil ». La définition qui fait autorité a été donnée par le biologiste Benjamin Beck dans les années 1980 : « L'utilisation d'outil est l'usage externe d'un objet non fixé du milieu pour modifier plus ou moins efficacement la forme, la position et la condition d'un autre objet, d'un autre organisme, ou de l'utilisateur lui-même, quand il tient ou porte l'outil, durant ou juste avant son utilisation, et qu'il est responsable de l'orientation adaptée et efficace de l'outil. » Avec cette définition, l'usage par les dauphins d'éponges pour se protéger contre des organismes piquants, contre l'abrasion due au sable, ou pour extraire une proie du fond, remplit tous les critères d'utilisation d'un outil, faisant ainsi de ces grands dauphins de l'océan Indien les premiers cétacés connus pour utiliser un outil.

Nous nous tenons devant une imposante termitière d'une forêt de Tanzanie comme des congressistes massés autour d'un buffet. Parmi nous, trois humains qui observent et neuf chimpanzés. Une termitière est un lieu de fête, particulièrement en novembre, au début de la saison des pluies. L'argile rouge du talus est humide et les chimpanzés peuvent facilement éventrer avec leurs doigts les myriades de tunnels creusés par les termites. Une femelle et ses deux filles sont assises sur une des pentes de l'édifice, la première cherchant attentivement des ouvertures de tunnel, les secondes tout aussi occupées à l'observer. Quelques mètres plus loin, un mâle plus âgé gratte la terre. Il creuse une partie du sol et peut alors se servir de son extracteur de termite. Il prend de ses lèvres une brindille cueillie quelques minutes auparavant, coupe des bords nets avec ses dents et la plonge dans un petit tunnel. Après quelques coups délicats, le bois ressort couvert de termites bruns comme une cuillère sortie d'un pot de crème au chocolat. Le chimpanzé le fait passer entre ses lèvres et broie les insectes en une pâte riche en protéines. C'est le repas.

En le regardant faire, j'ai une idée. Prenant l'une des brindilles abandonnées, je me mets de l'autre côté du monticule, dans son champ de vision, et commence à faire ma propre pêche. C'est plus facile que je ne le pensais : du premier coup, j'extrais une enfilade de gros termites soldats pleins de rage tendant leurs mâchoires en avant. Immédiatement, le chimpanzé voit cela, s'arrête de faire ce qu'il faisait et va de mon côté. Il rejoint « mon » tunnel à termites (j'étais bien fier d'avoir trouvé un tel filon du premier coup), me regarde puis regarde le terrain. Alors que je m'éloigne doucement – nous essayons toujours de maintenir plusieurs mètres de distance avec eux car les singes sont vulnérables à presque toutes les maladies humaines – il se rapproche, me poussant presque en dehors de ma place sur le monticule de terre. D'un geste de sa main, j'ai compris que je suis écarté. Il prend un outil et se met à pêcher les termites de mon tunnel.

Jill Pruetz et ses collègues ont noté un autre exemple de chimpanzé trouvant le bon outil pour la tâche à effectuer. Ils ont récemment observé un chimpanzé glissant un bâton, qu'il avait au préalable effilé à l'un de ses bouts, dans la fissure d'un arbre. Ce qui lui permit d'extraire un galago, animal de la taille d'un petit écureuil, mort ou blessé. Le chimpanzé avait entrevu le problème que représenteraient l'immobilisation et la capture de la proie, il avait donc imaginé pour cela une solution intelligente avec un instrument, même s'il ne s'agissait pas exactement d'une lance.

Ce type d'intelligence technique fait partie des comportements qui ont rendu les chimpanzés célèbres au début des années 1960, quand Jane Goodall a rapporté que des singes fabriquaient des outils avec des brins d'herbe et des brindilles pour pêcher des termites dans leurs tunnels. Il se trouve que Darwin avait proposé la compétence technique comme élément clé du développement de l'intelligence dans son livre publié en 1871, *La descendance de l'Homme* [The Descent of Man]. Il voyait une boucle de renforcement entre l'émergence de la station debout, l'utilisation d'outils et l'expansion du cerveau au cours de l'évolution. Une fois que les ancêtres se sont mis à marcher debout, avait postulé Darwin, leurs mains s'étaient libérées pour pouvoir prendre et fabriquer des outils. Les plus aptes à cela auraient alors été avantagés en termes de survie et de reproduction, ce qui aurait privilégié l'apparition de l'intelligence. Nos ancêtres auraient ainsi dépendu de cette aptitude à la technique, liée à la posture verticale et au développement cérébral.

L'hypothèse de Darwin, quoique logique, s'est révélée fausse depuis. La géologie moderne a pu dater que l'origine de l'utilisation d'outils était postérieure d'au moins 3 millions d'années à la transition entre quadrupédie des singes ancestraux et bipédie des hominidés. Les plus lointains hominidés, les australopithèques et leurs plus proches prédécesseurs, sont apparus il y a environ 6 millions d'années selon les derniers travaux sur le sujet. Les premières traces d'outils de pierre n'émergent en revanche qu'il y a 2,5 millions d'années. De plus, bien que la taille du cerveau se soit lentement accrue au cours de l'évolution de notre lignée, la taille des hémisphères cérébraux n'explose vraiment que durant les dernières centaines de milliers d'années. Avant cela, la taille du cerveau augmente proportionnellement avec le reste du corps. Par conséquent, les trois événements clés que Darwin avait considérés comme liés – la posture verticale, l'utilisation d'outils et la taille du cerveau – s'avèrent en fait distincts de plusieurs millions d'années.

Un art élaboré de l'imitation

Un élément capital montrant que les grands singes ou les dauphins sont capables d'une pensée semblable à l'homme est leur capacité à imiter les autres. Par imitation, nous entendons l'aptitude d'un individu à copier le comportement d'un autre. Vous pourriez penser que l'imitation est quelque chose de facile à repérer. Pourtant, comme le psychologue Richard Byrne le fait remarquer, les scientifiques ont eu tendance à la définir plus par ce qu'elle n'est pas que par ce qu'elle est. Ce n'est qu'après avoir exclu des formes trop simples de copie que nous pouvons qualifier un comportement d'imitation. Beaucoup d'oiseaux, par exemple, sont de parfaits mimes et possèdent un répertoire complet et très précis de chants d'autres espèces. Les oiseaux moqueurs peuvent non seulement reproduire le chant des autres espèces mais aussi mimer le miaulement du chat, le bruit d'un portail qui grince ou d'une bouilloire qui siffle. Les perroquets sont aussi capables d'imiter parfaitement la parole humaine. On a cependant très peu d'éléments laissant penser qu'ils comprennent le contenu de ce qu'ils miment, à l'exception possible d'Alex, un perroquet gris africain qui a été étudié pendant des années.

Savoir si les singes comprennent ce qu'ils imitent est au cœur du débat sur le rôle de l'imitation dans leur intelligence. Ceux qui restent sceptiques à ce sujet évoquent deux critères clés pour pouvoir discriminer si les grands singes et les hommes réfléchissent aux problèmes d'une manière similaire. Premièrement, les singes doivent avoir une théorie de l'esprit. C'est-à-dire la capacité à se mettre à la place des autres, à deviner leur état d'esprit et à agir en fonction de cette information. Deuxièmement, les grands singes doivent être capables de copier la séquence complète d'un comportement, dont les étapes n'ont qu'une fonction limitée et dont l'ensemble seul a un sens. Cela ne demande pas seulement de pouvoir répéter cette séquence mais aussi de pouvoir reconnaître chacune de ses étapes. Beaucoup d'animaux arrivent à imiter des actions simples effectuées par des êtres humains ou des membres de leur espèce. Un chimpanzé en captivité copie l'utilisation d'outils faite par d'autres chimpanzés mais pas celle faite par un être humain.

Se mettre mentalement à la place d'une autre personne est une chose, reconnaître qu'un animal y arrive en est une autre. Comment savoir, lorsqu'un singe imite une action physique, s'il comprend vraiment ce qu'il copie ? Les chercheurs distinguent en général l'imitation patente des tentatives faites par essais et erreurs. D'autres ont essayé de différencier l'imitation, qu'ils considèrent comme une capacité uniquement humaine, de l'émulation qui serait, selon eux, une approximation chez le singe de ce que fait l'homme qui imite. Pour ces chercheurs, imiter c'est copier en comprenant à la fois le but et les étapes qui y mènent. Quand un singe voit une personne mettre un bandage sur une plaie puis refait ce comportement en plaçant un bandage sur son propre bras, est-ce de l'imitation ? Certains disent que c'est de l'émulation, et non de l'imitation, car il n'y a pas d'éléments qui laissent penser que le singe a compris la signification du bandage. Alors qu'un enfant qui regarde l'usage que l'on fait d'un outil en tire une idée de sa raison d'être, le chimpanzé n'a pas les moyens de comprendre les causes de ce qu'il observe.

Le psychologue Michael Tomasello a voulu établir si un chimpanzé pouvait imiter la manière dont une personne effectue une tâche exigeant un peu de prévision. Il monta une expérience dans laquelle un ballon ne pouvait être atteint au bout d'un plateau qu'en insérant un râteau à travers une grille du côté opposé, ce qui permettait à la personne de ramener le ballon à elle. Dans le cas d'un petit enfant, il lui suffit d'un seul essai pour apprendre comment récupérer le ballon, en faisant exactement comment le chercheur lui a montré. Le chimpanzé est aussi capable de ramener le ballon après avoir vu une seule démonstration. Pourtant il utilise une méthode à lui pour utiliser le râteau, différente de celle du chercheur. Tomasello en a conclu que si le chimpanzé n'avait pas réussi à imiter, même s'il était arrivé au même résultat, c'est parce qu'il lui manquait la théorie de l'esprit nécessaire à une vraie imitation. Il a donc qualifié d'« émulation » ce que faisait le chimpanzé, c'est-à-dire arriver au but fixé sans comprendre l'importance d'imiter réellement le procédé utilisé.

Les expériences de Tomasello et d'autres du même genre ont été menées par des chercheurs qui doutent de la capacité des chimpanzés à posséder une théorie de l'esprit. Elles subissent les critiques de ceux qui pensent que le test du « ballon-râteau » ressemble trop aux jeux quotidiens des enfants alors qu'il est totalement étranger et pas naturel pour les chimpanzés. Il s'agit là d'un problème récurrent quand on étudie les grands singes en laboratoire. Leur intelligence cognitive a évolué en réponse aux pressions du milieu de la forêt tropicale, pas des laboratoires. Même le meilleur des laboratoires offre un environnement appauvri pour l'apprentissage social, comparé à ce que vivent les enfants en cours de leur croissance. Aucun orphelin séparé tout jeune de sa mère d'une manière traumatisante puis élevé dans un environnement social appauvri ne serait considéré comme un modèle approprié pour étudier le développement cognitif normal de l'enfant. Les grands singes, semblables psychologiquement et émotionnellement à de jeunes enfants, pourraient ne pas être de meilleurs modèles d'étude lorsqu'ils sont élevés en captivité.

La mère dauphin LulaMom et Nin, son nouveau-né, nagent côte à côte à moins d'une centaine de mètres de la plage de Malibu. Nin, âgé d'à peine un mois, a une couleur foncée avec une nageoire dorsale flasque ; il porte encore les plis du fœtus, des bandes plus claires sur les côtés. Nageant dans le sillage hydrodynamique de sa mère, Nin s'aventure parfois seul à travers les vagues qui déferlent vers le rivage où se regroupent les véliplanchistes. Le petit observe intensément comment sa mère attrape quelques poissons près de la surface. Puis vient son tour : imitant les mouvements de sa mère, Nin disparaît maladroitement dans l'eau, à la poursuite peut-être d'un poisson. Un moment après, sa chasse vaine, il émerge, avec la tête entière hors de l'eau, pour respirer, n'ayant pas encore appris à se déplacer sans effort et en souplesse comme les adultes. Nin essaye à nouveau, suivant l'exemple de sa mère, jusqu'à ce qu'il y arrive, puis retourne à son coin préféré au côté de sa mère. En se tenant près de sa mère, en observant et en répétant constamment ses gestes, il gagnera petit à petit son indépendance et pourra un jour survivre seul. Est-ce que Nin mime simplement ce que fait sa mère, finissant par apprendre dans l'action que la chasse mène à l'alimentation, ou se passe-t-il quelque chose de plus ?

Quand nous parlons d'imitation et de théorie de l'esprit chez les dauphins, nous entrons dans un domaine très controversé et confus pour la communauté scientifique. L'imitation, par exemple, peut être considérée à différents niveaux, celui de la simple action où les mouvements sont repris sans être compris, à la véritable imitation, parfois désignée sous le terme d'« émulation » ou d'imitation « niveau programme », qui implique une compréhension par l'imitateur de ce qu'il fait. Une récente étude menée par Wendy Fellner et ses collègues fait ressortir combien la nage synchrone du petit près de sa mère est avantageuse, notamment pour réduire le coût hydrodynamique et le risque potentiel de prédation. Ce contact étroit pourrait aussi jouer un rôle clé dans le processus d'imitation simultanée des comportements d'autres dauphins. Dans ce cas, Nin passerait, au cours de ses années de développement, de l'étape de l'imitation d'une action à une imitation de type plus complexe « niveau programme » qui, une fois devenu adulte, l'aiderait à vivre dans un groupe aux multiples facettes sociales.

Que ce soit pour les dauphins ou pour les singes, des problèmes de même type se posent pour étudier leur cognition. La plupart des expériences cherchant à montrer ou à rejeter la théorie de l'esprit viennent d'un environnement pauvre, fermé et artificiel, où les dauphins n'ont pas à faire appel à toute leur puissance cérébrale, et où la validité socio-écologique des études peut être mise en doute. Ceci dit, de nombreuses observations, faites en captivité comme sur le terrain, suggèrent quelque chose de plus complexe que de simples mimes ou imitations « niveau action » chez les dauphins.

Pour juger de la capacité d'un dauphin à imiter, il faut tenir compte de sérieuses limitations physiques. Avec un chimpanzé, vous pouvez lui demander d'imiter un geste humain comme de lever une jambe. Il est aisé de voir s'il vous imite ou pas, vu la similitude des corps. Maintenant imaginez la même chose avec un dauphin. Si vous levez la jambe, que fait le dauphin ? Il n'y a plus rien d'évident avec un animal qui n'a ni bras ni jambes. Pour imiter notre action, le dauphin doit traduire le geste humain en quelque chose qu'il puisse exprimer avec son corps, puis effectuer la tâche indiquée. Dans des expériences comme celle-là, les dauphins peuvent soulever une nageoire ou sortir toute leur queue de l'eau pour répondre. Ce qui demande bien plus que le simple fait de copier une action physique mais implique déjà un certain niveau de complexité dans la représentation.

L'équipe de recherche de C. K. Taylor et G. S. Saayman a étudié des exemples intéressants de comportements de dauphins en captivité qui semblent bien renforcer l'idée qu'il existe une théorie de l'esprit chez ces animaux. Dans une des anecdotes, un dresseur fumait une cigarette près du hublot d'un bassin. Un jeune dauphin s'est alors placé de l'autre côté de la vitre et s'est mis à regarder l'homme qui rejetait la fumée. Après un moment, il a regagné sa mère qui l'attendait un peu plus loin, l'a tétée puis, la bouche pleine de lait, est retourné vers le hublot. Le petit dauphin a alors lentement relâché le lait de sa bouche, produisant un nuage blanc similaire à celui de la fumée qu'il avait vu juste avant chez son camarade bipède.

Une autre histoire concerne un dauphin et un plongeur qui nettoyait les hublots de son bassin. Suivant l'homme de près, l'animal l'observait avec beaucoup d'attention. Après être resté ainsi un bon moment, le dauphin prit une plume de mouette entre ses dents et commença à « laver » la vitre avec, tout en produisant des sons et un flot de bulles, semblables à ceux qui venaient de l'équipement du plongeur. Peut-être pas encore totalement convaincu d'avoir fini son boulot, le dauphin a ensuite ramassé des pierres, un papier et un poisson mort pour les utiliser de la même manière. Ce type de comportement semble être plus que l'émulation d'une simple action. Le dauphin a pu comprendre le lien entre l'action du plongeur et le résultat attendu. Beaucoup d'autres cas similaires de comportement d'imitation ont été mentionnés dans la littérature, tellement même que cela doit avoir une signification scientifique.

Ce que l'on sait suggère que certains dauphins peuvent imiter et se rappeler des gestes qui non seulement ne leur sont pas familiers mais sont aussi étrangers et nouveaux effectués par d'autres animaux, y compris l'homme. En général, les dauphins adultes semblent acquérir de nouveaux comportements plus facilement que les jeunes mais ces derniers, comme les enfants, peuvent aussi apprendre très rapidement quand quelque chose capte leur intérêt.

Il existe aussi quelques cas d'imitation vocale chez les dauphins en captivité ou dans la nature. Les Grands dauphins, par exemple, sont des imitateurs fantastiques des sons faits par l'homme, comme a pu le constater Peter Tyack de la Woods Hole Oceanographic Institution. Ils peuvent écouter un son et le restituer avec une exceptionnelle précision quelques secondes après. Dans la nature, les dauphins sont aussi capables de s'interpeller à distance en répétant le sifflement émis par le partenaire, un comportement décrit en premier par le chercheur de la Woods Hole Vincent Janik. Suivant la situation, un individu peut répondre à un appel par un signal de bienvenue ou de mise en garde agressive.

D'autres exemples d'apprentissage vocal nous sont fournis par les orques. David Bain a décrit une orque captive d'Islande qui a été capable de répéter puis d'apprendre en trois ans le répertoire d'une compagne venant de Colombie Britannique. Quelques années plus tard, un autre chercheur, John Ford, a rapporté des orques sauvages mimant les appels entre groupes, nouvelle preuve que ces animaux sont capables d'apprendre. Les imitations vocales semblent extrêmement importantes dans le monde très communicant des dauphins.

Ces derniers peuvent aussi imiter des gestes et des sons avec différents degrés de complexité. Des observations montrent que les dauphins pourraient bien mieux comprendre leurs actions que ce que le simple recours à l'imitation laisse à penser. Est-ce là le signe d'une théorie de l'esprit ? Il faudra certes plus d'études pour résoudre ces questions mais que ce soit chez les dauphins ou les grands singes, nous devons nous attendre à ce que leur théorie de l'esprit ne ressemble pas exactement à la nôtre.

Regarde qui nous parle

Nous sommes au large de la Santa Monica Bay, en Californie, en train de surveiller environ 200 dauphins communs. La surface habituellement calme des eaux grouille de « chapeaux blancs » qui ne sont autres que des ailerons glissant à la surface. La chasse bat son plein avec un peloton déployé en ordre de bataille comme des soldats. Ils remontent au nord, s'étalant sur un large front qui nous mobilise complètement. Quelques sifflements parviennent aux écouteurs de mon assistant qui enregistre attentivement tous les signaux. Soudain, sous la surface, quelque chose se passe. Mon assistant me fait signe d'écouter et demande au commandant de rapprocher le bateau du groupe de dauphins. Je mets les écouteurs et entend le peloton se diviser en plusieurs unités qui s'écartent dans différentes directions. Les signaux ponctuels ont disparu, remplacés par une intense cacophonie de sifflements et de clics rapides.

Une demi-heure plus tard, nous enregistrons une bande de dauphins en plein festin de sardines à quelques kilomètres au large de Los Angeles. Nous ne voyons plus que les ailerons et les battements de queue en surface, nous n'entendons plus que des trains de clics aigus. Je suis en train de prendre des photos lorsque soudain les clics cessent et se transforment en d'intenses sifflements. Quand je regarde à nouveau par le viseur, la surface est redevenue calme et les dauphins sont partis. Mon assistant confirme que tout sifflement a disparu. Je me mets à scruter l'eau avec mon appareil et discerne alors un grand aileron triangulaire avec une tache grise sur le bas à l'avant. J'ai juste le temps de voir passer un grand requin blanc sous le bateau.

Je ne sais pas de quoi les dauphins « discutaient » juste avant le passage du requin, mais ce n'était probablement pas seulement du délicieux repas que l'on pouvait trouver à cet endroit. Leur langage ou ce qui en tient lieu leur a permis de se prévenir d'un danger imminent et de repérer où étaient les autres membres du groupe à ce moment-là.

Ce que nous connaissons du monde qui nous entoure vient de nos cinq sens. Ce que les dauphins connaissent, ou pourraient connaître, de leur environnement vient essentiellement de leurs canaux visuels et acoustiques qui sont très développés et adaptés au milieu aquatique. C'est par leur biais, notamment l'audition, qu'un dauphin peut percevoir le monde qui l'entoure et interagir avec ses partenaires au sein d'une organisation sociale complexe et intégrée.

Les sons émis par les dauphins peuvent se diviser en trois groupes : les sifflements et les sons en brusques rafales, utilisés pour les communications sociales, et les clics, qui servent à s'orienter et à se diriger dans l'eau ainsi qu'à localiser les proies. Pour les sifflements, qui ressemblent en quelque sorte aux sifflements humains sauf qu'ils sont beaucoup plus aigus, il existe un certain code entre dauphins émetteurs et receveurs.

Beaucoup de scientifiques pensent que ces sons forment un langage. À la fin des années 1950 et dans les années 1960, John Lilly, un neurobiologiste, a entrepris de déchiffrer ce langage. Il estimait que les dauphins possédaient non seulement des capacités linguistiques sophistiquées mais qu'ils avaient peut-être aussi le pouvoir de communiquer avec les hommes. Il se basait sur le fait que les grands dauphins ont un cerveau exceptionnellement gros, doté d'un néocortex particulièrement volumineux, ce qui leur donne la capacité entre autres choses de développer un langage naturel. Après avoir disséqué le cerveau de beaucoup de dauphins, ce qui fit de lui la cible des anti-vivissectionnistes de l'époque, et passé des jours et des jours à écouter les dauphins s'exprimer dans ce qu'il appelait le « dauphinois », Lilly échoua dans sa tentative audacieuse de rompre le barrage de la langue et d'apprendre les phonèmes anglais aux dauphins. Comme je l'ai mentionné au premier chapitre, sa recherche avait néanmoins réussi à éveiller l'imagination du grand public.

Lilly a écrit que « les scientifiques devraient apprendre comment communiquer avec les dauphins pour se préparer à une rencontre avec une vie intelligente venue de l'espace », ce qui déclencha des torrents de critiques de la part des scientifiques et une surprenante passion du public pour ses livres. Il y décrivait des animaux plus intelligents que l'homme. Bien que ses hypothèses ne se vérifièrent pas, une observation importante et inattendue émergea de ses travaux. En écoutant les enregistrements de dauphins, Lilly se rendit compte que l'un des animaux mimait ce qu'un chercheur disait au cours d'une expérience en le faisant « sur un ton aigu et en parlant du nez comme Donald ». Les expériences de Lilly ont posé les bases d'une série d'études sur l'apprentissage, le mime, la communication, la compréhension et la cognition du langage vocal chez les dauphins.

Sur les traces de Lilly, Louis Herman et ses collègues du Kawalo Basin Marine Mammal Lab, à Honolulu, ont commencé alors à élaborer deux langages artificiels qu'ils espéraient pouvoir apprendre aux Grands dauphins hébergés dans leur centre. Ces langages – l'un produit par ordinateur avec des mots très aigus, l'autre un langage de signes effectués avec les bras et les mains par l'entraîneur – ne cherchaient pas à reproduire la conversation humaine mais étaient quand même fondés sur des lois grammaticales comme notre langage.

Au cours des leçons sous-marines, les dauphins Phoenix et Ake apprirent une série de phrases. Un homme leur disait ou signifiait « Phoenix Ake dessous » ce qui voulait dire que Phoenix devait accomplir la tâche de nager sous Ake. Les « élèves » se sont montrés très prometteurs : par exemple, ils ont rapidement pu faire la distinction entre « droite cerceau gauche Frisbee chercher » (soit « prend le Frisbee à ta gauche et mets-le dans le cerceau à droite ») ou l'inverse, « prend le Frisbee à ta droite et mets-le dans le cerceau à gauche ». Herman en a conclu que ses dauphins pouvaient comprendre à la fois la signification des mots et l'arrangement de la phrase, soit les bases sémantiques et syntaxiques des instructions données sous la forme d'un langage.

La réponse des dauphins à ce type d'entraînement fut un tel succès qu'ils furent bientôt capables de formuler spontanément leurs propres réponses logiques à des mots dépourvus de sens. Par exemple, lorsqu'un entraîneur « disait » quelque chose n'ayant pas de sens, Ake n'y prêtait pas attention. Herman a interprété cela comme signifiant que le dauphin pouvait non seulement comprendre les mots et une séquence de mots mais était aussi assez intelligent pour prendre ensuite des décisions.

Les expériences devinrent de plus en plus compliquées pour les dauphins. Les entraîneurs pouvaient apparaître sur un écran télé sous-marin ou avec leur corps caché, leurs bras seuls restant visibles aux dauphins. L'objectif était simple : déterminer si les dauphins pouvaient interpréter une communication par gestes comportant de moins en moins de détails. Même avec une communication minimale, conceptuelle, ils restaient presque toujours capables de donner la bonne réponse, ce qui amena Herman à conclure que ces dauphins pouvaient utiliser une grammaire artificielle.

La sémantique et la syntaxe ont toujours été considérées comme des attributs essentiels de tout langage humain. Notre langage peut être considéré comme syntaxique dans le sens où les messages comportent des composantes ayant chacune un sens propre. La communication animale en revanche a toujours été regardée comme non syntaxique car leurs signaux se réfèrent à « toute la situation ». Dans l'évolution de notre propre langage, la transition de la forme de communication non syntaxique à une forme syntaxique fut une étape déterminante, séparant la capacité d'expression humaine de celle des autres animaux. Mais en étant capables d'acquérir certaines propriétés de notre syntaxe, les dauphins d'Herman nous apprennent que le fossé qui sépare nos deux formes de communication n'est pas aussi large que nous le pensions.

Dans le monde aquatique des dauphins, le système des signaux de communication est ouvert. Par exemple, il y a des signaux individuels spécifiques chez les grands dauphins qui vivent dans des sociétés à fission-fusion, et des signaux collectifs du répertoire vocal propre aux groupes des orques passant leur vie en clans stables. Signaux sociaux et structure sociale dans les groupes de dauphins sont intriqués d'une manière si complexe et si souple que nous n'avons pas fini de comprendre ce qui se passe dans les gros cerveaux de ces animaux intuitifs.

Et le singe se met à parler

Après tant d'années passées à observer les grands singes, l'occasion de converser avec l'un d'eux fut un choc. Je n'aurais pas dû être choqué : les chimpanzés de l'Institut de la communication chimpanzé/homme sur le campus de l'université Central Washington sont connus dans le monde entier. Washoe, Loulis, Dar et Tatu vivent ensemble et forment un groupe social depuis des décennies. Ils ont d'abord appris le langage des signes d'Allen et de Beatrice Gardner dans les années 1960. Washoe fut la première dans le projet de recherche, et Roger Fouts, l'étudiant des Gardner, a entamé une étude à vie pour enseigner à Washoe et à ses congénères, puis à apprendre d'eux.

Aujourd'hui, les quatre chimpanzés vivent ensemble dans un endroit confortable, à la fois ouvert et abrité, comme dans un zoo, sous les yeux d'une légion d'étudiants, de soignants et de scientifiques. Lorsque je leur rendis visite un jour de 2003, ils donnaient l'image du bonheur. Washoe était tranquillement assise à lire *Newsweek*, tournant de temps à autre les pages d'un doigt comme une fille lisant *Cosmopolitain* sur la plage. Elle se servait parfois de sa langue pour tourner les pages. Approchant la quarantaine, Washoe a maintenant pris le statut de matriarche parmi les quatre singes. Loulis est son fils adoptif, qu'on lui a amené tout jeune pour remplacer son propre petit qui était décédé. Au fil des ans, ils ont stupéfait Roger Fouts et Debbie, sa collègue devenue ensuite sa femme, par leur raffinement linguistique. Au début, Washoe a appris à faire les gestes comme tout enfant muet, en écoutant et en regardant ses parents. Les Fouts ont élevé Washoe dans une maison comme s'il s'agissait de leur propre enfant. Bien que certains critiquent la méthode, affirmant que les chimpanzés ne font que mimer leurs modèles plutôt que de comprendre les concepts sous-jacents, les Fouts ont apporté des preuves concluantes du contraire. Les quatre chimpanzés ne font pas que le signe « pomme » lorsqu'on leur montre une photo du fruit. Assis ensemble sous l'unique surveillance de caméras vidéos omniprésentes, ils se font des signes entre eux. Souvent, c'est trivial, juste une phrase de deux mots du type « Hé, donne-moi cette pomme ». Pourtant c'est déjà une conversation, probablement pas très différente de celle que les premiers humains ont dû utiliser, qui est apparue sans entraînement, incitation ou récompense. Ce type de langage aussi simple est un merveilleux exemple du langage et de la culture en action. Les traditions apprises sont transmises d'un individu à l'autre, stimulant par là le développement de la communication. Le fait que leur langage est limité et comparable à celui d'un enfant en bas âge ne change en rien son importance. Après tout, dans tout centre de soin il y a des milliers d'interactions par jour ayant un contenu moindre en communication et en importance. Lorsque nous voyons un langage simple chez les enfants, nous l'appelons déjà un langage. Nous savons qu'il se développera un jour pour atteindre toute sa complexité. Lorsque nous voyons la même chose chez les chimpanzés, nous avons peur de tirer la même conclusion.

Les chimpanzés de l'université Central Washington nous ont beaucoup appris sur le langage lui-même. Par exemple, Washoe et ses collègues utilisent un seul mot pour « chien », qu'ils emploient aussi bien pour un teckel, un terre-neuve ou un danois. Le mot « chien » est donc devenu une catégorie naturelle dans l'esprit des chimpanzés et le signe choisi par eux d'un commun accord. Les Gardners et les Fouts ont montré il y a des années que leurs chimpanzés utilisent de nouveaux termes pour décrire des objets pour lesquels ils ne connaissent aucun signe : ils ont combiné les termes sucre et fruit pour désigner le melon par exemple. La plupart de leurs phrases ne font que deux signes, comme les premières paroles d'un enfant, mais elles peuvent en comporter six ou même sept, en incluant des éléments encore rudimentaires de grammaire.

Lors de ma visite, mon hôte et traductrice avec les chimpanzés est Mary Lee Jensvold, une chercheuse qui a travaillé avec Washoe et les autres depuis des années et s'exprime aussi couramment en AMESLAN, la langue des signes américaine. Alors que nous observons les activités placides des singes dans leur enceinte, Loulis se rapproche de la vitre qui nous sépare, s'assoit juste en face de moi et me regarde fixement.

« Salut Loulis » dit Mary Lee par signes.

Loulis répond en me regardant et dit « Donne-moi une pomme ».

« Il n'a pas de pomme » répond Mary Lee.

Mais il réplique alors, avec un brin d'insistance :

« Donne-moi un sandwich », puis le stéréotypé « Donne-moi une banane ».

Finalement, convaincu par Mary Lee que je ne lui ai rien apporté, Loulis me fait par signes : « Montre-moi tes chaussures. »

Je lui montre de bonne grâce mon pied de sorte qu'il peut apercevoir mes tennis noires à travers la vitre.

« Chaussures noires. Belles » observe Loulis. Mary Lee m'explique que Loulis aime bien le noir. Si le lien avec sa propre couleur n'est pas clair dans son esprit, Loulis ainsi que Washoe peuvent faire défiler des photos et s'arrêter pour dire « Noir, noir » lorsqu'ils ont repéré leur couleur préférée.

Qu'est-ce que cette utilisation du langage par des chimpanzés nous apprend sur nous-mêmes ? Pendant des années, des linguistes et des psychologues ont nié le fait qu'un langage puisse être utilisé par les grands singes, mais les gorilles, les bonobos et les orangs-outans ont tous montré, lors de leur étude en laboratoire, une bonne intelligence du langage. D'autres ont affirmé que l'usage du langage symbolique par les chimpanzés était tellement limité que l'on ne devrait pas appeler cela langage. Ils ont en partie raison. Ce que font les chimpanzés avec des signes équivaut à l'expression d'un enfant de deux ans. Mais j'ai bien l'impression que tous les linguistes sont d'accord sur le fait que les enfants de deux ans ont un langage, même s'ils ne le maîtrisent pas complètement.

Le langage permet à un individu de transmettre une culture dans le temps et l'espace. L'information peut être transmise d'une société à une autre, et d'une génération à une autre. Les capacités à s'exprimer développées par les chimpanzés élevés dans un contexte humain ne sont pas facilement transposables à l'environnement naturel des singes. Dans la nature, les chimpanzés ont recours à une large gamme de cris, certains étant en rapport avec le contexte. Et si le vocabulaire connu des chimpanzés sauvages consiste en une cinquantaine de cris, pour communiquer ils utilisent aussi souvent des signes que des sons.

Les singes ont-ils un langage ? Nous devons d'abord considérer ce qu'est un langage. Le langage est grammatical, il a des règles, et une régularité dans l'usage, apprises sans trop d'efforts par les enfants. Il est ouvert, permettant une diversité presque infinie de combinaisons à partir de quelques sons qui suffisent pour véhiculer une masse énorme de significations. Et il est symbolique : rien dans le mot « vert » n'indique quoi que ce soit sur son sens. Nous employons « vert » comme une étiquette pour un objet ou une caractéristique bien définie. Le langage permet la transmission indirecte de la culture sur de grands espaces géographiques et à travers le temps avec les générations. L'acquisition, bien étudiée, du langage par des chimpanzés élevés par l'homme ne peut pas être comparée à ce que font les singes dans la nature. Les cris des chimpanzés sauvages s'appuient largement sur le contexte pour leur signification, et ils ne ressemblent pas du tout au langage humain.

Une question clé au sujet du langage des singes ne doit pas être « Les singes ont-ils un langage ? » mais plutôt « Est-ce que le langage des singes et des hommes repose sur les mêmes fondations ? ». Le concept de langage étant une invention humaine, il n'est pas surprenant que les linguistes et les spécialistes de la cognition aient eu du mal à l'étendre à d'autres animaux équipés d'un point de vue linguistique. Si le chimpanzé partageait avec l'enfant le « programme » de base pour l'acquisition du langage – les singes étant dépourvus du « matériel » nécessaire pour produire des sons intelligibles – cela aurait de profondes conséquences sur la lointaine histoire du langage au sein des premières lignées humaines.

Peut-être que le travail le plus convainquant sur l'acquisition du langage chez les singes est celui de Sue Savage-Rumbaugh avec Kanzi, un bonobo mâle. Kanzi communique en touchant des symboles sur un tableau. Il reçoit des informations, en comprenant l'anglais qu'on lui parle. Savage-Rumbaugh a estimé qu'il pouvait utiliser un vocabulaire de 300 mots et en comprendre plus de 1 000. Ses travaux et ceux de beaucoup d'autres chercheurs ont fourni deux arguments définitifs en faveur du langage chez les grands singes. D'abord, elle a démontré que les grands singes peuvent comprendre et utiliser le concept de référence, en employant des mots pour représenter des objets de leur environnement. Ensuite, ces mots et ces phrases sont combinés de façon spontanée pour demander ou fournir une information, ou commenter et décrire le monde qui les entoure. Ce n'est pas une simple répétition. Kanzi peut comprendre des demandes complexes exprimées en anglais, du style « Va au réfrigérateur dans l'autre pièce et rapporte-moi la balle rouge qui se trouve sur le premier étage ». Un changement dans l'ordre des mots crée le même type de confusion chez un chimpanzé que cela le ferait chez nous, et une syntaxe simple est nécessaire. S'il y a une différence entre ce que Kanzi saisit et ce qu'un jeune enfant comprend, les scientifiques ne l'ont pas encore découverte.

Le maniement du langage est avant tout un comportement social qui permet une communication d'un niveau plus élevé entre individus. Comme beaucoup d'autres comportements sociaux chez le chimpanzé ou l'homme, il s'apprend par la vie en société. Après les travaux des Gardner et des Fouts sur les chimpanzés utilisant le langage des signes, un psychologue du nom d'Herbert Terrace a tenté de reproduire ces résultats avec un chimpanzé qu'il avait moqueusement baptisé « Nim Chimpsky » en l'honneur du célèbre linguiste. Terrace fit toutefois une erreur critique. Au lieu de l'élever dans un environnement social qui se rapprochait le plus de l'intense lien mère-enfant, comme cela avait été le cas de Washoe élevée comme un enfant durant ses premières années, Nim fut gardé en laboratoire. Il n'eut pas un ou deux parents dévoués mais une série d'étudiants et d'assistants de laboratoire pour prendre soin de lui. Et comparé à ce qu'avait reçu Washoe, son environnement social fut en tout point appauvri durant ces années de formation. Ceci expliquerait pourquoi Washoe manie la langue des signes avec dextérité et qu'elle ait pu l'apprendre à d'autres chimpanzés, notamment à son fils adoptif, alors que Nim s'avère bien moins doué. Terrace en conclut que l'usage par Nim du langage, plus limité que celui de Washoe, relevait plus d'une imitation intelligente que d'une réelle maîtrise, ce qui rejeta dans l'ombre les travaux sur le langage chez les singes pendant des années.

Dans un laboratoire japonais, une femelle chimpanzé, nommée Ai, montre des capacités conceptuelles pour les maths qui rendrait fier tout professeur. Elle a appris que les chiffres arabes représentaient des nombres particuliers d'objets. Elle peut compter de zéro à neuf, ce qu'elle fait en pressant une touche sur un écran tactile. Elle peut aussi classer correctement une séquence de nombres, de zéro à neuf, lorsqu'ils lui sont présentés sur un écran, si rapidement qu'il est difficile de la suivre. Nous pouvons nous souvenir facilement de séquences d'environ sept chiffres, par exemple un numéro de téléphone mais, au-delà, notre capacité à le faire diminue vite. Ai peut se rappeler de nombres jusqu'à quatre chiffres, comparable en cela à un enfant de quatre ans. Elle peut même interrompre sa séquence pour faire autre chose, comme de manger ou se battre dans un groupe, puis revenir et compléter la suite. Cette compétence de base en maths, affichée par un singe, a choqué lorsqu'elle fut rapportée pour la première fois par le chercheur japonais Tetsuro Matsuzawa.

Miroir, oh mon beau miroir…

Être capable de se différencier des autres ou de se reconnaître comme une entité distincte, d'une manière ou d'une autre, est une autre faculté cognitive. Lorsque je me réveille le matin et que je me regarde dans le miroir, je reconnais mon image. Je fais ainsi la démonstration d'un sens de la conscience de soi. Lorsque mon chien Burbank passe devant le miroir, il s'arrête parfois brièvement pour faire face à son image mais il ne la reconnaît probablement pas comme étant la sienne. Le résultat ne change pas si je lui mets un chapeau sur la tête : la perception par Burbank de son image demeure exactement la même.

Mais est-ce vrai pour tous les animaux ? Démontrer l'existence d'un « sens de soi » n'est pas facile expérimentalement mais, ces dernières décennies, quelques réussites utilisant un miroir et une marque sur le corps ont été enregistrées chez certaines espèces. Le test est simple. Marquez l'animal d'une tache de peinture qu'il ne peut déceler directement puis encouragez-le à se voir dans un miroir et notez ses réactions.

Les chimpanzés, gorilles, bonobos et orangs-outans marqués et placés en face d'un miroir s'examinent et touchent la vraie marque sur leur corps. Ils ont, non seulement, pu se reconnaître dans un miroir mais aussi comprendre que la peinture se trouvait sur leur propre corps, et non sur celui de l'animal dans le miroir. Récemment, une éléphante d'Asie appelée Happy a aussi été capable de passer le test du miroir, touchant à plusieurs reprises de sa trompe un X blanc dessiné sur le côté de sa tête.

fotolia © Eric Isselée

De telles expériences ont été plus difficiles à réaliser avec les dauphins, dépourvus de bras et de mains. Le principe est de faire une marque à l'encre noire sur une partie de leur corps qu'ils ne peuvent pas voir. Ils peuvent toutefois sentir l'encre. Un miroir leur est présenté puis les dauphins sont observés pour voir s'ils examinent leur corps pour trouver la tache. Certains animaux marins, dont le Grand dauphin, l'orque, et peut-être le faux-orque, ont réussi ce test, se mettant à s'examiner dans le miroir pour trouver la marque.

Ces expériences sur la reconnaissance et la conscience de soi chez les dauphins ne prouvent pas en elles-mêmes que ces animaux sont des êtres conscients d'eux-mêmes au sens où l'homme peut l'être. Les scientifiques débattent encore de savoir dans quelle mesure les dauphins sont conscients d'eux-mêmes, certains avançant que ces animaux n'ont pas de concept du soi et ne sont pas du tout avancés du point de vue cognitif. La démonstration que les dauphins et les grands singes sont capables de se reconnaître dans un miroir est cependant une étape importante pour établir que ces animaux sont des espèces cognitives, une avancée notable pour pouvoir évoquer une évolution convergente sur ce point avec nous.

Les grands singes et les dauphins ne pensent peut-être pas comme des humains mais les chercheurs ont pu montrer qu'ils étaient capables de mémoriser, d'imiter, d'utiliser des outils, de comprendre un langage et d'avoir une conscience de soi, même si ces mêmes chercheurs se disputent encore sur la définition et le degré exact des choses dont ils sont capables. Dans les précédents chapitres, nous avons posé les bases des nombreux parallèles que l'on peut faire entre notre monde intelligent et le leur, mais les choses deviennent encore plus intéressantes lorsque nous commençons à envisager ce qui est au-delà des mots. La politique et la culture sont-elles vraiment l'apanage exclusif de l'homme ?

6
Des maîtres en politique

Les grands singes possèdent un mental souvent qualifié de machiavélique. Ils se souviennent des faveurs qui leur sont dues et des dettes à honorer, les comportements d'échange sont comptabilisés comme dans une société de services. Les chimpanzés mâles forment des patrouilles paramilitaires et des groupes de chasse. Les individus s'engagent dans des manipulations et des trahisons de leurs rivaux dignes de Shakespeare.

Certains dauphins utilisent leur intelligence sociale pour former des coalitions de mâles qui contraignent sexuellement des femelles et renversent d'autres coalitions. Ces dernières évoluent en alliances – « accords » comportementaux hautement complexes entre des mâles d'un même groupe – coopérant alors en paires ou en triplets pour garder et contrôler les mouvements des femelles susceptibles d'être en chaleur. Ces types d'alliances à plusieurs niveaux au sein d'un groupe social exigent une forme d'esprit très particulière n'existant pas chez les autres animaux. Mais les coalitions ne sont qu'un aspect du répertoire « politique » de ces animaux. D'une manière pas si différente de celle de nos hommes politiques, les dauphins peuvent aussi être des maîtres dans la tromperie et la manipulation, avec une fine expérience des réseaux.

Pour illustrer combien cette connaissance politique est essentielle à ces animaux, nous devons nous plonger dans leur monde social et explorer, à l'aide de différents exemples pris dans les forêts et les océans, cette part singulière de leur existence.

De l'art de la tromperie

Dans notre société humaine, la tromperie délibérée est courante. Nous la rencontrons tous les jours. Les politiciens nous trompent. Les commerciaux arrivent à nous vendre des choses que nous n'aurions pas achetées normalement. Nous devons traiter chaque jour une foule d'informations manipulées, de mauvaises représentations de la réalité, des montages et autres tours. La tromperie préméditée demande un gros cerveau, des aptitudes cognitives, une conscience de la situation et une capacité à réfléchir sur le moment. Elle exige une théorie de l'esprit. Mais sommes-nous la seule espèce sur Terre capable de duper intentionnellement ? L'observation nous montre qu'il y en a d'autres aussi doués que nous. Des animaux dotés d'un volumineux cerveau comme les dauphins sont particulièrement bons pour tricher, et semblent dans certains cas le faire avec un certain degré d'intention.

Stan Kuczaj a travaillé pendant des années avec des dauphins en captivité. Lui et ses collègues ont recueilli plusieurs cas de ce qui peut être considéré comme un comportement de tromperie de la part des dauphins. Dans l'un de leurs sites, ils étudiaient un dauphin adulte femelle appelé Kelly qui, avec ses partenaires, avait été entraîné à ramener des objets en échange de nourriture. Après que tous les autres dauphins aient fini leur exercice et se soient dispersés, Kelly est apparue à la surface portant des objets d'origine inconnue, avec l'espoir d'avoir un poisson supplémentaire. D'où venaient ces nouveaux objets ? Après avoir exploré son bassin, les entraîneurs de Kelly ont découvert un butin de jouets que le dauphin avait habilement cachés sous une plaque d'évacuation. Jour après jour, elle avait ramassé des objets que les touristes avaient laissé tomber par inadvertance pour s'en servir un jour comme monnaie d'échange avec les entraîneurs. En observant soigneusement Kelly, il devint clair que Kelly faisait extrêmement attention de ne pas ajouter ou retirer des objets de sa cache en présence des autres dauphins. Était-ce dans le but de les tromper, et de garder ces objets pour elle seule, ou juste une coïncidence ?

Un autre cas intéressant fut celui que l'on pourrait appeler le « dauphin de papier ». Cette femelle, comme Kelly, avait été dressée à ramener des objets en échange d'une récompense. Au cours d'une session, à la demande d'un entraîneur, elle arrive en surface avec un petit morceau de papier pris au fond de l'eau pour demander son dû. Peu après, elle remonte un autre morceau de papier pour avoir un deuxième poisson. Puis un troisième morceau, un quatrième et ainsi de suite ! Il s'agissait toujours de petits papiers et toujours d'un à la fois. Après avoir amassé un bon tas de ces morceaux, l'entraîneur décide d'inspecter le bassin. Il découvre alors le reste d'un grand sac papier coincé dans l'une des grilles sous l'eau et demande donc à Kelly de le ramener ; ce qu'elle fait en le prenant en entier. On ne sait pas comment ce sac était arrivé là et si le dauphin y était pour quelque chose, mais il avait réussi à tromper son dresseur et à obtenir plus de récompenses en détachant des morceaux du sac au lieu de le ramener entier.

Chez les dauphins sauvages, des comportements visant à tromper sont aussi connus dans la littérature scientifique. Janet Mann de l'université Georgetown a observé une bande de Grand dauphins femelles utilisant la tromperie et la simulation pour berner une alliance de mâles agressifs qui tentaient de harceler une femelle en chaleur isolée. Seule, elle allait se faire entourer par les mâles lorsqu'une bande de femelles est arrivée à la rescousse, détournant l'attention des mâles en se frottant contre eux et en les caressant de leurs nageoires. Une fois qu'elles eurent réussi à mettre le trouble et la confusion dans l'alliance mâle, elles s'éclipsèrent d'un coup avec la femelle menacée.

Les dauphins ne sont pas les seuls Mammifères autres que l'homme à se jouer des autres. Les singes ont aussi montré leurs capacités dans ce domaine. Dorothy Cheney et Robert Seyfarth qui étudiaient le comportement social des singes vervet au Kenya voulaient savoir dans quelle mesure ceux-ci comprenaient la nature des relations établies au sein de leur groupe et comment cela pouvait les aider à manipuler et à tromper les autres. Il est clair que les singes vervet sont de bons anthropologues : ils comprennent bien les liens de filiation. Pour ce faire, les chercheurs ont utilisé l'enregistrement des cris de détresse d'un très jeune vervet émis par des haut-parleurs placés intelligemment. Ils se sont alors aperçus que les singes savaient très bien qui était la mère de qui. Lorsque les appels d'un jeune donné retentissaient, les autres singes se tournaient vers sa mère. Les vervets femelles saisissaient donc les liens de maternité dans le groupe.

Les chercheurs ont aussi trouvé que les singes vervets pouvaient mentir. Beaucoup de primatologues connaissent des exemples de primates qui mentent. Le fait de mentir a été une tendance de l'évolution et s'est répandu au fur et à mesure que les capacités cérébrales des primates augmentaient. Les grands singes, par exemple, semblent assez doués pour se tromper entre eux alors que les lémuriens le font rarement. Dans l'étude sur les vervets, l'un d'entre eux poussait un cri d'alarme, signalant un prédateur, à un groupe en train de se régaler sur un arbre fruitier. Alors que les autres détalaient, celui qui avait donné l'alerte se rua dans l'arbre pour profiter des fruits à sa disposition. Grâce à la tromperie, j'ai vu une fois un chimpanzé mâle de rang inférieur appelé Beethoven s'accoupler avec une femelle, malgré la présence du mâle alpha Wilkie. Alors que quelques-uns de ces animaux étaient assis dans une clairière, Beethoven charge dedans. Comme il est de faible rang, cela est pris pour un acte d'insubordination par Wilkie. Ce dernier prend en chasse

Beethoven qui s'enfuit dans les broussailles et, tandis que Wilkie fait sa propre démonstration de force, Beethoven revient discrètement dans la clairière et parvient à ses fins.

On peut trouver aussi bien chez les dauphins que chez les primates des exemples illustrant l'idée que ces animaux peuvent tromper intentionnellement dans le but d'en retirer des bénéfices divers. Cette tromperie préméditée exige un cerveau complexe, des capacités cognitives, une conscience de la situation, et l'aptitude à trouver de nouvelles solutions aux problèmes. Les dauphins et les singes semblent posséder toutes ces caractéristiques, du moins dans une certaine mesure. Ainsi, la tromperie intentionnelle n'est-elle pas l'apanage de l'homme mais aussi d'animaux vivant dans les forêts et les océans.

Une économie de services

Dans le monde des singes, comme dans le nôtre, la taille importe moins que l'habileté. Les hommes politiques n'accèdent pas au pouvoir parce qu'ils sont grands et les chimpanzés mâles ne parviennent pas au rang alpha parce qu'ils sont costauds ou brutaux. Un esprit malin et un sens aiguisé du calcul politique sont plus utiles au politicien, qui doit persuader les gens qu'il ou elle est le leader qu'ils désirent. De la même manière, un chimpanzé mâle monte en grade en flattant les membres appropriés du groupe ; s'il apprend à utiliser les alliances de groupes puissants, mâles ou femelles, il ira loin. À Gombe, nombre de chimpanzés mâles parmi les plus grands ne s'approchent même pas du rang supérieur. On voit même plutôt des mâles plus petits finir par dominer de plus grands. En revanche, ce que presque tous les alphas ont en commun est un sens aigu du favoritisme, du moment opportun et des alliances.

Comment, pourriez-vous dire, un animal dépourvu de parole peut-il être un politique aussi intelligent ? Sans mots, les chimpanzés et d'autres grands singes peuvent élaborer une économie complexe de services où les faveurs dues et les dettes à honorer forment une monnaie pour s'assurer un soutien social nécessaire. Il peut y avoir d'autres échanges de services. Cela n'apparaît pas que chez les primates, et beaucoup d'animaux développent des espèces d'économies de marché où comportements et ressources sont échangés. Les animaux en position de puissance, tel un chimpanzé de haut rang, n'ont pas forcément besoin d'être équitables dans leurs échanges. Un mâle de rang inférieur a en revanche besoin d'être soutenu par un supérieur. Le chimpanzé de rang supérieur peut donc rarement se défiler d'offrir sa protection, par exemple lors d'un combat, car l'animal de moindre rang n'a pas d'autre recours. Un tel déséquilibre de puissance caractérise souvent les réseaux sociaux de beaucoup d'espèces sociales, notamment chez les plus complexes du point de vue cognitif.

Frans de Waal a montré que les chimpanzés pouvaient s'adonner à une économie de service, où nourriture et toilette sont des valeurs interchangeables. La toilette a dans la société chimpanzé de multiples rôles : elle sert à communiquer, à la mesure d'un bref échange verbal chez nous, à entretenir des liens avec les autres, et bien sûr à se débarrasser de parasites. Les chimpanzés qui reçoivent de la nourriture d'autres sont plus susceptibles de leur faire la toilette en retour. Le partage de la nourriture n'est pas courant chez les chimpanzés, excepté entre la mère et ses enfants. Lorsqu'un chimpanzé donne à manger à un autre, c'est qu'il y a une raison, la principale étant le lien de parenté, mais cela peut se produire parfois dans le cadre d'une stratégie. Après une chasse fructueuse, par exemple, les mâles se partagent la viande. Cela ne se fait cependant pas au hasard ou librement. Les détenteurs de la nourriture la partagent avec leurs alliés mais ignorent leurs rivaux. Ils cèdent volontiers une part de leur butin à leur mère, à leurs frères et sœurs, et plus encore aux femelles qui présentent une tumescence sexuelle ou sont déjà convoitées comme futures partenaires.

Après une chasse au colobe particulièrement fructueuse, sept avaient été pris et les chimpanzés mâles ayant pris part à la chasse se sont assis pour se régaler pendant des heures. Les femelles et leurs petits ou les mâles de moindre rang se sont alors approchés pour quémander, utilisant le geste très humain de tendre la main avec un air suppliant. Lorsque cela restait sans effet, les mendiants plaçaient leur main sur les lèvres du chasseur dans l'espoir de déclencher sa charité ou peut-être juste de le convaincre que céder un morceau de nourriture valait mieux que d'écarter des suppliques pendant des heures. Dans un autre cas, l'adulte mâle Atlas avait capturé un jeune colobe qui avait littéralement bondi dans ses bras en essayant de s'échapper au cours de la chasse. Atlas l'avait mordu à la base du crâne et le petit corps reposait inerte dans sa main. Quelque temps après la capture, une femelle adulte nommée Trezia surgit sur les lieux et tend la main dans un geste de demande. Apollo, le petit frère d'Atlas, arrive aussi. Lorsque Trezia s'approche d'Atlas avec une grimace en forme de sourire, celui-ci se tourne vers elle mais en tenant le cadavre de sa proie derrière lui. Il continue à le faire jusqu'à ce que Trezia se retourne et lui présente sa tumescence. Pendant qu'ils s'accouplent, Atlas continue à tenir le colobe hors de son atteinte. Après plusieurs séances, il finit par partager la viande avec elle ainsi qu'avec son petit frère Apollo.

Bien que la viande soit souvent utilisée comme un élément de marchandage pour cimenter les alliances entre mâles ou obtenir des femelles, les chimpanzés mâles chassent avec avidité même si aucune femelle n'est présente. Souvent les échanges de viande et une activité sexuelle succèdent à un épisode de chasse sans qu'il y ait de troc visible. On me demande souvent si le partage de la viande en échange de services représente un embryon d'économie de services voire déjà des prémices de prostitution. La gestion du partage de la viande par le chimpanzé mâle doit plutôt être envisagée dans le contexte plus général de la manipulation sociale. La viande de singe est un mets de choix pour la femelle car elle lui apporte une masse importante de protéines, de graisses saturées et de calories qui sont essentielles lors de la gestation et de la lactation. Les chimpanzés femelles chassant rarement, et le cas échéant sans beaucoup de succès, la viande demeure une ressource très limitée et donc très recherchée. Les femelles sont par ailleurs très peu farouches et bons stratèges quand il s'agit de s'accoupler, copulant rapidement avec de nombreux mâles au cours d'une seule période d'ovulation. Cela brouille vraisemblablement la question de la paternité au point que chaque mâle est moins porté à blesser un petit qui pourrait être le sien ou à harceler sa possible mère.

Pour avoir de la viande de singe, il faut être un bon chasseur mais une autre option est d'être haut placé ou bien parent ou allié d'un chimpanzé de rang élevé. Après la chasse, celui-ci volera souvent en toute impunité les corps de colobes auprès des mâles de rang moindre ou immatures, ou d'une femelle qui aura occasionnellement fait sa propre capture. Le mâle alpha joue ainsi de son statut pour contrôler l'accès à une ressource limitée et convoitée par tous qu'il peut attribuer à ses alliés et dont il peut priver ses rivaux. En cela, il ressemble beaucoup au politicien qui s'assure des « votes » en accordant des faveurs pour garder le pouvoir.

Ce type de comportement politique s'avère répandu chez les chimpanzés et pourrait refléter une origine commune avec nous. Lorsque Newt Gingrich est devenu président de la Chambre des représentants américaine dans les années 1990, il a mentionné publiquement le livre de Frans de Waal, *Chimpanzee politics* [La politique du chimpanzé, 1990] comme ayant eu une influence dans sa capacité à manipuler son entourage. Les machinations politiques des hommes tendent aussi à l'acquisition du pouvoir ou d'autres ressources.

Dans la société chimpanzé, ce sont les mâles qui adoptent des comportements machiavéliques. Les chercheurs pensaient au départ que la vie collective du chimpanzé mâle était largement due aux liens du sang. Les mâles n'émigrant pas de leur communauté d'origine, il paraissait logique que la plupart des mâles d'un groupe soient apparentés. De fait, durant mes propres travaux de recherche à Gombe, les onze mâles adultes et adolescents étaient formés de quatre paires de frères (Frodo et Freud, Atlas et Apollo, Prof et Pax, Goblin et Gimble). Le onzième, Beethoven, était arrivé en tant qu'orphelin en compagnie de sa sœur présumée plus âgée. Pourtant, la parenté mâle n'est pas la norme au sein des communautés de chimpanzés. Les études d'autres sites ont montré que celle-ci était faible entre les mâles. Dans ces sites, les mâles collaborent pour contraindre sexuellement des femelles, se liguent contre le mâle dominant, font des patrouilles sur leur territoire et chassent en raison d'intérêts communs et non de leurs liens de parenté.

C'est une découverte à la fois surprenante et intéressante. Elle nous dit que les chimpanzés, comme les humains, peuvent faire des choix stratégiques et tactiques dans leur comportement social en fonction de situations qui varient rapidement. Un mâle changera d'alliance d'un jour à l'autre suivant que les circonstances l'arrangent ou pas. On peut dire, en un sens, que les chimpanzés mâles ont une carrière politique, avec sans cesse plus ou moins le même objectif de gagner toujours plus de puissance, d'influence et de succès reproductif, mais que les tactiques pour y arriver varient d'un jour à l'autre, d'année en année, d'une période de la vie à une autre.

La collaboration des chimpanzés mâles dans la nature ne semble pas basée sur la parenté génétique. Pourtant ils passent leur vie à essayer de monter dans la hiérarchie pour atteindre le statut de mâle alpha. Pourquoi ? On avait toujours supposé que l'objectif et l'intérêt de devenir un alpha était de pouvoir engendrer de nombreux petits chimpanzés. Certaines études génétiques avaient rapidement suggéré que cela n'était pas le cas. Elles montraient plutôt que les alphas n'avaient pas plus d'enfants que, disons, un adolescent sournois. Une étude effectuée dans les années 1990 en Afrique de l'Ouest semblait montrer que les femelles de la communauté étudiée étaient en fait fécondées par les mâles d'autres communautés. Les auteurs en concluaient que, loin d'avoir le monopole de l'accouplement avec leurs femelles, les mâles « se faisaient avoir » quand ils protégeaient des femelles qui allaient faire leurs emplettes de gènes chez les mâles de territoires rivaux. La promiscuité générale entre mâles et femelles jette aussi un doute sur l'idée que le statut des mâles alpha puisse être un réel avantage dans la reproduction.

Tout cela semblait indiquer que les bénéfices d'un rang élevé doivent se trouver ailleurs. Peut-être y avait-il un intérêt psychologique. Des études chez l'homme ont montré que les cadres dirigeants ont des taux d'hormones de stress moins élevés que leurs inférieurs hiérarchiques. En termes darwiniens cependant, de tels effets psychologiques ne signifient pas grand-chose à moins qu'ils ne se traduisent par une descendance plus nombreuse.

De nouvelles recherches ont depuis clarifié la relation liant rang et reproduction chez le chimpanzé mâle. Les résultats antérieurs montrant que la moitié des petits avaient pour père des mâles de communautés extérieures furent invalidés quand on découvrit des erreurs dans la méthode d'analyse. Et lorsque les chercheurs du parc national de Gombe, poursuivant l'étude la plus longue jamais entreprise sur des chimpanzés sauvages, terminèrent leurs propres analyses de paternité, ils en conclurent que le mâle alpha était bien à l'origine de la grande majorité des petits. L'intérêt de passer sa vie à grimper dans la hiérarchie de la dominance est bien un bénéfice reproductif.

Comment les mâles arrivent à leur fin n'est pas encore clair toutefois. Rappelez-vous que le mâle alpha, au mieux de sa forme et de son apparence à l'âge de vingt-cinq ans, porte les mêmes gènes que le frêle adolescent qu'il était ou que le vieux marginal grisonnant qu'il sera. Nous savons que les femelles choisissent les mâles en se basant sur certains traits de leur apparence mais qui correspondent en fait à des qualités propres à leur ADN. La femelle qui se glisse ainsi dans les fourrés avec Frodo quand il n'a que dix ans, prenant le risque de recevoir les foudres de l'alpha, pourra aussi s'accoupler avec lui lorsqu'il sera lui-même devenu un alpha dix ans plus tard, ou quand il aura perdu de sa vigueur dans la quarantaine. Les trois versions de Frodo transmettront les mêmes bons gènes.

Les chimpanzés femelles se placent aussi dans une échelle de dominance, bien que celle-ci soit moins visible que celle des mâles. Il existe une sorte de matriarche auprès de laquelle les mâles ambitieux viennent chercher les faveurs, dans l'espoir de gagner son soutien dans les futurs conflits hiérarchiques. Anne Pusey et ses collègues ont ainsi découvert qu'à Gombe, en Tanzanie, le rang des femelles était lié à leur succès reproductif : la femelle la plus haut placée était, sauf une exception, celle qui avait la progéniture la plus abondante.

Les femelles étant stratégiquement peu farouches mais aussi à la recherche de bons gènes pour leurs petits, comment trouvent-elles leur partenaire mâle ? Elles semblent les sélectionner sur des critères qui ne sont pas toujours apparents pour l'observateur. Mis à part le rang, ni la taille, la musculature, l'âge ou l'aspect ne prédisent quel mâle sera élu par la femelle. Les mâles font aussi le choix de leur partenaire avec des critères de beauté qui ne sont pas évidents pour nous. Flo était ainsi la célèbre matriarche des débuts de Goodall à Gombe. Elle était au sommet de la hiérarchie femelle et très recherchée par les mâles. Pourtant, elle n'avait rien d'une beauté au regard humain : une oreille en lambeau, une cicatrice sur la figure avec un nez bulbeux et, vers quarante ans, un corps plutôt décharné. Mais elle faisait un tabac chez les mâles. Quelque chose, peut-être son rang ou une odeur non percevable par l'homme, l'a rendue toute sa vie attractive aux yeux des mâles.

Le marché pour coexister

Dans leur livre d'affaires, *La Stratégie du dauphin : les idées gagnantes du XXIe siècle* [Les éditions de l'Homme, 2006], Dudley Lynch et Paul Kordis proposent le dauphin comme modèle du « négociateur idéal » en raison de son volumineux cerveau et de sa capacité à apprendre et à se souvenir de ses expériences. Peut-être que le concept de « dauphin négociateur » va un peu loin mais il y a probablement une part de vrai dans ce que ces auteurs avancent.

Lorsqu'un dauphin n'obtient pas ce qu'il veut, il change intelligemment de comportement pour y arriver, comme un enfant peut se mettre à pleurer et à crier pour avoir une glace quand ses parents ont refusé de la lui acheter. Parfois, si les cris et les pleurs n'ont pas d'effets, un enfant peut avoir recours à un autre stratagème, comme de casser les pieds à ses parents, pour arriver à ses fins. Si cela aboutit, il s'en souviendra à une prochaine occasion. Il semble que les dauphins font de même. La vie dans l'océan impliquant de vivre avec des ressources irrégulières, parfois abondantes et parfois limitées, les dauphins doivent apprendre à s'adapter aux différentes situations. Se trouver des alliés, développer une relation de confiance et s'entendre avec des partenaires peut être une stratégie gagnante à plusieurs titres.

Les orques nomades et résidents utilisent une sorte « d'accord » pour coexister dans le même environnement : elles restent socialement isolées les unes des autres et se nourrissent de proies totalement différentes. Elles s'agressent rarement, ce qui tend à prouver que cet agrément est très efficace pour maintenir la stabilité des communautés.

Avec les dauphins, les accords peuvent parfois franchir les barrières d'espèces. Dans son *Histoire naturelle*, Pline le Jeune fut le premier à décrire une sorte « d'accord » entre des dauphins et des êtres humains. Il raconte l'association conclue entre les dauphins et des pêcheurs de la ville de Lattes, dans la Narbonnaise qui était alors une province romaine. À une période de l'année où la marée se retirait, d'énormes bancs de mulets abandonnaient l'étang de Lattes pour rejoindre la mer en passant par un étroit chenal. Comme les pêcheurs ne pouvaient pas utiliser leurs filets dans le passage, ils appelaient le dauphin Simo. Chaque année, celui-ci venait aider les hommes à capturer les poissons. Simo battait alors le rappel d'une troupe de dauphins comme un général le ferait avant une bataille. Les dauphins se mettaient en rang près du débouché pour attaquer les mulets qui s'échappaient puis les repoussaient vers les filets et les fourches des pêcheurs. Après avoir partagé les prises avec les hommes, les dauphins retournaient au large, et les pêcheurs chez eux avec suffisamment de poissons pour nourrir leur famille. Ce récit n'est-il qu'une fable ? Nous savons que ce type de comportement existe aussi aujourd'hui, à l'image des nombreuses collaborations entre dauphins et pêcheurs présentes dans diverses parties du monde.

Dans son livre *Les Dauphins*, l'explorateur, cinéaste et océanologue Jacques-Yves Cousteau nous raconte l'histoire des pêcheurs Imraghen de Mauritanie qui sont aidés par des dauphins dans leur pêche. Fasciné et intrigué par cette présumée collaboration, Cousteau avait envoyé une équipe de plongeurs et de cameramen pour étudier ce phénomène de plus près. Quand les bancs de mulets migrent sur une bande le long de la côte africaine, les dauphins aident les Imraghen en entourant et en guidant les poissons vers les filets tendus par les pêcheurs. Les cameramen de Cousteau ont saisi sur la pellicule cette remarquable collaboration, faisant devenir réalité ce qui n'était qu'une histoire transmise de génération en génération.

Pas de clauses particulières ou de signatures dans de tels « accords » interspécifiques, ni de formalités ou de formulaires. Seulement deux espèces, vivant dans des mondes différents, qui agissent de concert pour un bénéfice commun.

Se mettre en réseau en mer

Un réseau connecte des éléments entre eux. Quand nous pensons à un réseau, nous imaginons souvent une série d'ordinateurs reliés pour partager l'information. Mais la société humaine est un autre grand exemple de réseau. Notre réseau social est fait de nœuds, formés d'individus ou d'organisations, et de liens, les relations qui les unissent. Les réseaux peuvent être plus ou moins ouverts, dotés de relations plus ou moins fortes entre leurs éléments. La théorie des réseaux explique comment les réseaux sociaux fonctionnent à différents niveaux, de la famille à la nation entière. Elle joue un rôle important pour expliquer la manière dont les gens échangent l'information, atteignent leurs objectifs et résolvent leurs problèmes.

Si les êtres humains ont un réseau social, pourquoi les dauphins n'en auraient-ils pas vu la complexité de leur société ? Comme nous, les dauphins forment des relations plus ou moins fortes, peuvent accéder à une large gamme d'informations et la partager rapidement. En pensant justement aux réseaux et aux dauphins, David Lusseau et Mark Newman ont tenté d'identifier, dans les eaux de Doubtful Sound, en Nouvelle Zélande, le rôle que jouaient les dauphins dans leur réseau social. Chercher à comprendre un réseau sous l'eau n'est pas chose facile. Comme le disent les chercheurs, « les dauphins ne peuvent donner d'entretien personnel ou remplir des questionnaires ». Le seul moyen de comprendre leur réseau social est d'étudier directement leur comportement. Ainsi, de 1994 à 2001, ces scientifiques se sont penchés sur une petite communauté de 62 dauphins pour essayer de démêler les nœuds (les dauphins) et les liens (les associations entre paires de dauphins) entre eux, et de mieux cerner quel rôle jouait chaque individu dans le maintien du réseau.

Fotolia © Sebastien Lagree

Ils ont découvert qu'au sein d'une même population il y a des communautés et des sous-communautés, en rapport avec l'âge et le sexe. Il y a aussi des « intermédiaires », en général des femelles adultes, qui servent de lien entre ces sous-communautés et permettent à l'ensemble du réseau de garder sa cohésion. En observant ces intermédiaires, les chercheurs ont réussi à avoir une idée de la manière dont l'information circulait dans le réseau.

Dans un réseau informatique, la perte d'un intermédiaire ou d'un nœud important se traduira par une panne ou par une sérieuse perturbation de l'ensemble. Dans le monde des dauphins toutefois, Lusseau et Newman ont découvert que l'absence d'un intermédiaire peut ne pas avoir d'effet sur le fonctionnement du réseau, preuve du haut degré de flexibilité et de cohésion des communautés de dauphins.

De l'art de la guerre

Les chimpanzés mâles peuvent être de farouches rivaux, se battre et parfois même se tuer entre eux pour des droits sur une femelle, un territoire ou un autre bien de valeur. Mais lorsque cela les arrange, les mêmes chimpanzés peuvent devenir de solides alliés. Ils forment alors des coalitions pour contraindre et contrôler les femelles, faire des patrouilles aux limites de leur territoire et chasser les singes, les cochons ou d'autres sources de chair fraîche.

Certains dauphins font exactement la même chose. Les Grands dauphins mâles des eaux chaudes, au large de l'ouest de l'Australie, forment des alliances durables. Ils utilisent ces relations stratégiques pour aller à la rencontre d'autres alliances mâles ou enlever de force des femelles pour leurs propres besoins sexuels. Les coalitions de mâles peuvent subsister pendant des années tandis que d'autres sont temporaires et ne servent que pour des buts à court terme.

Ces coalitions sont aussi utiles aux Grands dauphins comme aux chimpanzés lors de rencontres avec d'autres groupes hostiles. Lorsque Jane Goodall a rapporté pour la première fois avoir vu des raids commando, qu'elle qualifiait de « guerres » contre les communautés voisines, des chercheurs ont été sceptiques puis ont même suggéré que ce comportement était pathologique. Nous savons aujourd'hui que tous les chimpanzés mâles en Afrique font des patrouilles aux frontières de leur territoire et se battent sauvagement pour les maintenir face aux intrusions étrangères.

Être en patrouille est excitant pour les chimpanzés, même s'ils n'ont pas l'occasion de voir ou d'entendre un intrus. L'atmosphère est tendue et concentrée car les mâles ont peur d'être pris en embuscade par une patrouille du territoire ennemi. Une troupe de chimpanzés qui se déplace est normalement occupée à jouer, se bousculer, s'accoupler, bavarder ou à mastiquer de la nourriture. Il suffit d'avoir vu une fois des chimpanzés en patrouille pour saisir la différence. Les chimpanzés mâles jettent des regards nerveux, gardent le silence, sentent le sol et les objets qui les entourent. C'est du sérieux, un peu comme une patrouille militaire humaine. Bien que certaines descriptions de patrouilles chimpanzé donnent l'impression que les mâles souhaitent rencontrer et attaquer leurs voisins, rien n'est plus faux.

Comme des soldats dans ce type de mission, leur but est de trouver des égarés, des membres de la communauté ennemie qui se sont un peu perdus dans leur déplacement et se retrouvent alors au mauvais moment au mauvais endroit. Lorsqu'une patrouille rencontre un chimpanzé seul, ce dernier ne s'en tire pas sans de sérieuses blessures quand il n'est pas tout simplement tué. La victime se met à crier sous l'effet d'une peur bleue lorsque la troupe lui tombe dessus, lui assène ses coups et le mord en guise de punition. Si l'intrus est une femelle, elle peut subir le même sort à moins qu'elle ne soit jeune, sans petit et en tumescence : dans ce cas, les mâles la forceront à les suivre jusqu'à leur communauté.

Les Grands dauphins utilisent des « sentinelles », des individus placés à des points stratégiques à l'écart du groupe. Ils montent la garde tandis que les autres membres du groupe se nourrissent. Ce qui peut apparaître comme une attitude altruiste s'interprète plutôt comme dans l'intérêt de ces individus qui auront alors moins de chances d'être surpris. Si un indésirable ou un prédateur est repéré, la réaction coordonnée des dauphins peut être variable : ils peuvent s'échapper, surveiller attentivement le prédateur ou, dans le cas d'un intrus, le harceler et l'attaquer.

Comme les chimpanzés, les dauphins font usage de leur corps pour effrayer les intrus. Toute une gamme de postures et de sons servent à exprimer différents niveaux dans l'agression. Lorsque des Grands dauphins mâles rencontrent un intrus, ils peuvent faire le dos rond pour prendre une attitude ramassée et agressive. L'autre peut en contrepartie se préparer à en découdre et ouvrira sa bouche pour afficher ses dents blanches et pointues. Si cela vire au conflit, le claquement des mâchoires, une morsure et un coup de nageoire peuvent provoquer un cri plutôt comique de l'intrus qui va vite se mettre à l'abri.

Ce chapitre se termine sur un air de guerre, qui peut représenter pour certains une traduction du pouvoir politique. L'habileté politique est ce qui permet de manipuler le pouvoir pour contrôler nos sociétés. Nous venons de montrer que les grands singes et les dauphins avaient eux aussi des éléments de « savoir » politique.

On peut considérer que la capacité à agir en politique est une expression de l'intelligence humaine et la marque de son action dans le monde, et qu'il en est de même pour la culture. Si la première n'est pas uniquement le fait de l'homme, qu'en est-il de la seconde ? Dans le prochain chapitre, nous nous efforcerons de montrer que nous ne sommes pas les seuls à avoir quelques compétences dans le domaine de la culture.

7
Amateurs de culture

Bien que nous, les auteurs de ce livre, soyons tous deux des êtres biologiques, des primates plus exactement, nous nous définissons par notre culture. Nous parlons tous les deux anglais (avec un accent italien pour l'un de nous), portons des vêtements occidentaux, mangeons le plus souvent de la nourriture occidentale. Nous n'appartenons pas un système de caste, nous ne vivons pas dans des huttes de terre et n'avons pas de croyances animistes.

Le mot « culture » a la même racine latine que « cultiver », ce qui suggère comment l'homme peut nourrir et développer son esprit et son comportement. Pour beaucoup, la culture renvoie à des choses comme aller à l'opéra ou savoir faire la différence entre un sauvignon et un chardonnay. Mais elle constitue quelque chose de bien plus fondamental. Elle se réfère à tous les aspects appris, transmis par l'espèce : les croyances, les institutions, la cuisine, la manière de s'habiller et d'autres éléments produits par le groupe. Puisqu'un groupe se caractérise souvent par toutes ces expressions de lui-même, nous appelons cela une culture. Cela semble simple : tout ce qui est appris serait culture tandis que tout ce qui est hérité serait génétique. En fait, le sujet est bien plus complexe.

La culture est une profonde énigme, un concept presque insaisissable dépendant de l'idée que chacun s'en fait. Ce concept est à l'origine de vastes domaines de réflexion où il est discuté sans fin de ce qu'est la culture, de ce qu'elle devrait être et du degré d'emprise qu'elle a sur l'esprit humain. Cette dernière question est bien délicate. Les humains sont-ils des êtres de culture quasiment affranchis d'une biologie ancestrale, ou avant tout des êtres biologiques dont les besoins et les pulsions s'imposent à travers un mince vernis culturel ? La vérité se trouve clairement entre les deux et c'est un champ de bataille où les chercheurs s'affrontent en campant sur leurs positions.

Pour définir ce qu'est la culture, on fait généralement appel aux anthropologues mais même parmi eux il existe des divergences. Les anthropologues culturels, ceux qui étudient les sociétés humaines, considèrent l'activité symbolique comme centrale à toute définition de la culture. Les humains sont humains, disent-ils, parce qu'ils donnent un nom arbitraire aux choses sans que celui-ci ait en lui-même de force descriptive : « rouge » ne donne aucun indice sur la couleur en lui-même ; les mots sont des symboles appris. En revanche, beaucoup d'anthropologues physiques et ceux qui étudient les comportements animaux (éthologistes) ont adopté une définition plus large de la culture.

Un point crucial dans ce débat sur culture et nature humaine est de savoir si le concept de culture peut être étendu aux autres animaux. Depuis que Jane Goodall a observé des chimpanzés fabriquer des outils, ces singes ont été considérés comme des « animaux culturels » ce qui a brouillé la distinction entre humains et non-humains. Les traditions culturelles sont les comportements appris des autres et par la famille, transmis à travers les générations par la répétition et non par la génétique. Avec cette définition, les comportements culturels peuvent inclure les processus de fabrication et d'utilisation des outils par les chimpanzés, ainsi que la façon dont ils s'épouillent entre eux.

Revenons un instant à la termitière, mentionnée au chapitre 5, par exemple. Dans une forêt d'Afrique de l'Est, un chimpanzé s'approche d'une grande termitière conique. Il va chercher dans les broussailles proches un petit rameau et le passe entre ses lèvres pour en enlever les feuilles. Il marche ensuite vers la termitière, la brindille à la main. Dans l'édifice dur comme du béton, vit une colonie de près de 10 millions de termites. Les soldats qui la protègent sont de taille, plus d'un centimètre de long, et dotés de formidables mandibules. Ils sont chargés de garder la colonie contre les intrus, notamment d'autres termites, qui pourraient entrer dans l'un des nombreux tunnels qui relient la colonie au monde extérieur.

Fotolia © Norma Cornes

En Afrique de l'Est, le début de la saison des pluies en octobre ou novembre fait que les termites se rapprochent de la surface car c'est le point culminant de leur cycle annuel de reproduction, le moment où les futures reines sortent des tunnels avec leurs ailes toutes neuves encore collées à leur corps. Ces petites jeunes déploient ensuite leurs ailes et prennent leur envol. Elles forment alors des nuées dans le paysage et des colonnes grouillantes, se répandant sur les chemins et dans les habitations. Ces jeunes reines sont recueillies et dégustées par les autochtones qui apprécient leur goût de noisette. Avec l'intensification des pluies, le sol argileux de la termitière se ramollit et les chimpanzés s'emparent de leur trésor. Le chimpanzé examine d'abord rapidement la surface puis utilise son index pour gratter l'ouverture d'un tunnel qui lui paraît prometteur. Il y insère ensuite son outil de pêche, le laisse quelques secondes à l'intérieur puis le retire délicatement. Son extrémité se retrouve alors recouverte de termites couleur chocolat, de minuscules ouvrières comme de robustes soldats qui s'accrochent par leurs mandibules. Le singe passe alors rapidement son outil entre ses lèvres et croque un paquet d'insectes riches en sucres et en protéines. Si l'opération est fructueuse, cas le plus fréquent à la saison des pluies, le chimpanzé peut rester des heures sur place et récolter des milliers de termites. Sa progéniture peut être à ses côtés, le regardant attentivement et essayant de l'imiter.

Les outils utilisés par les chimpanzés varient largement à travers l'Afrique, d'une manière qui laisse penser que l'apparition et l'extinction de techniques locales semblent être fréquentes. Malgré l'intérêt porté à l'origine et à la propagation de l'usage d'outils, rien n'indique qu'il soit lié aux particularités de tel ou tel massif forestier : les chimpanzés peuvent chasser des termites dans un endroit où il y en a peu tandis que d'autres ne s'en préoccuperont pas au milieu d'une abondance de termitières. Les différences génétiques ne semblent pas expliquer non plus le type d'utilisation d'outils chez les populations de chimpanzés. Les cultures locales paraissent plutôt refléter les traditions nées d'individus qui se répandent et gagnent peut-être ensuite d'autres communautés.

Quelques règles générales ressortent tout de même. Les outils des chimpanzés peuvent se classer en trois catégories. Il y a d'abord les baguettes qui augmentent la portée du bras (pour aller chercher des fourmis au fond de leur nid, recueillir du miel) ou qui donnent plus de force au bras (pour se battre). Ensuite les « éponges », faites de feuilles mâchées, pour récupérer l'eau des cavités dans les arbres. Et enfin, dans certaines régions d'Afrique, comme le parc national Taï en Côte d'Ivoire, existent des « marteaux » de bois ou de pierre pour casser des noix ou d'autres aliments. Ces traditions varient même entre communautés voisines. Par exemple, les chimpanzés de Gombe pêchent les termites ; en revanche, dans le parc national de Mahale, distant seulement d'une centaine de kilomètres, ils « pêchent » les fourmis dans les troncs d'arbre mais jamais les termites, pourtant plus nombreux.

La disponibilité d'une ressource ne favorise en rien l'invention de l'outil idoine pour l'exploiter, comme les deux exemples suivants nous le démontrent. Alors que Gombe, site riche en noix et en fruits, présente une abondance de pierres de toutes tailles, les chimpanzés qui y vivent ne les ont jamais utilisées comme marteau. C'est l'inverse dans la forêt de Taï où les pierres sont rares mais pourtant recherchées par les chimpanzés qui les amènent à proximité des arbres porteurs de noix pour casser celles-ci.

Le problème avec l'étude des cultures techniques chez les chimpanzés était qu'au départ, elle consistait largement en anecdotes qui, pour fascinantes qu'elles soient, ne convainquaient pas les autres scientifiques. Lorsque les chercheurs ont finalement eu assez de données de long terme pour étudier systématiquement les traditions culturelles de toute une série de sites, ils ont enfin trouvé des preuves claires de l'existence de différents types de traditions. Après avoir analysé l'utilisation d'outils et d'autres spécificités culturelles des six études de terrain les plus longues menées en Afrique, Andrew Whiten et ses collègues ont répertorié au moins 39 comportements qui pouvaient être dus à un apprentissage. Cela peut sembler limité par rapport aux possibilités humaines, mais c'est plutôt impressionnant au regard de tout autre animal. Une conclusion logique de tout ceci est que les animaux qui vivent pour ainsi dire d'expédients ont tendance, comme les chimpanzés ou les hommes, à avoir un gros cerveau et une longue durée de vie. Au cours de leur croissance et de leur maturation, ils acquièrent des compétences essentielles pour leur vie entière, en observant leurs aînés et leurs pairs.

Les bonobos, avec leur riche répertoire de comportements sociaux et sexuels, sont pourtant réfractaires à tout progrès dans le domaine technique. On s'est beaucoup penché sur la complexité de leur dynamique sociale, de leur sexualité et des relations entre genres, mais, dans la nature, les bonobos se sont montrés de bien piètres utilisateurs d'outils. Ils peuvent bien traîner des branches sur le sol pour signifier leur désir de partir, rien n'indique jusqu'à présent qu'ils utilisent des baguettes ou des pierres dans des situations où le chimpanzé y recourt souvent.

Les gorilles sont eux aussi très limités du point de vue technique. Bien que les plus grands des primates consomment parfois des termites et des fourmis, ils les capturent avec leurs doigts et il n'a jamais été fait mention qu'ils fassent usage d'outils pour cela. On a vu un gorille des plaines utiliser une grande branche pour sonder la profondeur d'un marais qu'il était en train de traverser. C'est très impressionnant de la part d'un gorille, mais paraît bien limité au regard de tous les outils auxquels fait appel le chimpanzé chaque jour.

Les orangs-outans ont rejoint en 1990 la liste des primates usant d'outils lorsque Carel Van Schaik a pu observer ces rouquins géants fabriquer et utiliser de très simples outils dans les forêts de Sumatra. Ces grands singes vivent dans un monde complexe de grands arbres, de branches et de lianes entremêlées, et les outils qu'ils fabriquent servent à extraire de petits animaux ou des plantes de cavités dans les arbres. Van Schaik et ses collègues ont découvert que les populations d'orangs-outans présentes à Bornéo et Sumatra différaient par leur comportement, ce qui suggère des variations culturelles de même type que celles observées chez les chimpanzés, quoique plus simples. L'utilisation d'outils change d'un massif forestier à l'autre. Dans certains endroits, les orangs-outans se servent de feuilles comme de « gants » pour consommer des plantes épineuses tandis qu'ailleurs ils ne prennent pas ces précautions avec les mêmes plantes. Certaines populations utilisent des feuilles ou leurs mains pour produire des cris aigus. Et, dans certains groupes, les femelles emploient même des bâtons comme instruments pour s'autostimuler sexuellement alors que dans d'autres groupes ce n'est pas le cas. La culture orang-outan est peut-être moins variée et moins complexe que celle des chimpanzés mais ses manifestations sont beaucoup plus présentes que ce que l'on imaginait il y a à peine dix ans, preuve que la culture au sens large est largement répandue chez les grands singes.

L'utilisation d'outils par les dauphins est bien moins connue. L'étude des animaux en milieu marin est déjà assez difficile et ce n'est que récemment que certains cétologues ont commencé à envisager la possibilité du recours à des outils. C'est dans la Shark Bay, en Californie, que des scientifiques ont établi le premier cas de transmission culturelle de l'usage d'un matériau en milieu marin, le « port » d'éponges vu au chapitre 5. L'utilisation de cet outil, transmis de mère en fille, n'a été observée que dans la Shark Bay. L'usage d'outils par les cétacés pourrait être plus répandu mais s'en assurer nécessitera plus de temps sur le terrain et des technologies d'observation sous-marine plus avancées.

Une culture chez le singe ?

Les capacités d'imitation des grands singes se comprennent mieux sous l'angle de la culture, leur intelligence étant par nature très sociale. Le contexte dans lequel leurs aptitudes cognitives ont évolué a été formé, comme le nôtre, d'un réseau complexe d'interactions entre individus. Apprendre par l'observation et l'interaction dans un groupe social, que ce soit chez l'homme ou le singe, est bien différent d'un apprentissage par soi-même. Cela rend l'étude des comportements appris en captivité, dont celui de l'imitation, problématique et ses résultats difficiles à interpréter. Ainsi, les études en laboratoire où les chimpanzés sont élevés comme des rats et ignorent l'importance des relations stables et durables de parenté ainsi que les influences au sein du groupe aboutissent à des sujets d'étude pas plus « normaux » que les enfants d'un orphelinat de guerre.

Dans la nature, l'importance pour la culture chimpanzé de la socialisation apparaît au grand jour. La diversité culturelle ne se cantonne pas aux techniques pour les outils. De même qu'un Texan ou un New-Yorkais parlent avec un accent radicalement différent d'un Anglais, les populations de chimpanzés peuvent aussi s'exprimer avec des accents différents. John Mitani et ses collègues ont mené des études acoustiques auprès des chimpanzés de deux forêts distantes d'une centaine de kilomètres en Tanzanie. Ils ont trouvé que leurs cris, et mimiques vocales, présentaient des propriétés distinctes, certains plus courts et d'autres plus longs. Ils proposent l'idée que les dialectes existent dans les populations de chimpanzés comme c'est le cas chez les orques. Les différences pourraient naître un peu au hasard dans chaque population chimpanzé puis s'établir lorsque les jeunes se mettent à imiter les cris entendus chez les plus âgés. Les linguistes, habitués de par leur formation à considérer le langage humain comme seul véritable langage, ont beaucoup de mal à accepter comme tel la communication à base de cris des chimpanzés. En effet, la linguistique, issue de l'histoire et de la psychologie, a été fondée en tant que discipline purement humaine.

D'autres comportements sociaux des grands singes montrent aussi des variations régionales et sont des formes simples de diversité culturelle. Par exemple, les chimpanzés raffolent passer des heures à se faire la toilette entre eux et passer leurs longs doigts effilés à travers le pelage des autres. Dans le parc national de Gombe, en Tanzanie, les chimpanzés se tiennent l'un en face de l'autre, nettoyant chacun le corps de l'autre. Chacun s'appuie d'un bras sur un arbre tandis que l'autre bras sert à épouiller le partenaire. C'est la norme culturelle, la posture de la communauté à adopter pour faire la toilette de son prochain à Gombe. Pourtant, à une centaine de kilomètres à peine de Gombe, dans le parc national de Mahale, les chimpanzés ont un autre style. Là, les singes se font aussi face lors de la toilette, mais serrent le bras de leur partenaire d'une main tandis que l'autre main recherche des parasites dans son pelage. Cela ressemble à ce qui se passe dans nos sociétés humaines pour la façon de se saluer, par exemple, qui va d'un vague geste accompagné d'un « Hello ! » ou d'un « Salut ! » au geste plus cérémonieux de rassembler les mains à la manière indienne.

Cela peut sembler insignifiant, mais pas plus que la foule d'attitudes qui constituent une culture humaine. Il n'y a pas de raisons de penser que les gènes ou l'environnement imposent cette différence dans les postures : il s'agit seulement d'une tradition culturelle. Les scientifiques ont longtemps été fascinés par la manière dont de telles traditions peuvent passer d'un endroit à l'autre, et ils ont eu récemment l'opportunité d'étudier ce phénomène chez des singes en captivité. Après des décennies passées à observer les chimpanzés au Yerkes National Primate Research Center, des scientifiques ont soudain assisté au premier épouillage avec la main sur le bras de l'autre. Bien que le comportement « avec l'arbre » visible à Gombe ait été observé de nombreuses fois, personne n'avait jamais vu un chimpanzé en captivité faire une toilette avec la main sur le bras de l'autre. Après sa première apparition en 1992, cette variante a commencé à se répandre. Développée au départ par une femelle, elle a ensuite été adoptée par d'autres et a bientôt dépassé les limites de la communauté de Yerkes. Cinq ans plus tard, même si son inventeur ne vivait plus dans la colonie, cette variante s'était largement diffusée et sa durée moyenne avait significativement augmenté.

La culture diffuse dans les eaux

Dès que le mot « culture » a été associé aux océans, les problèmes ont commencé. Le débat inclut maintenant des biologistes, des philosophes, des psychologues et des anthropologues. Deux experts des baleines, Hal Whitehead et Luke Rendell de l'université Dalhousie, en Nouvelle Écosse, ont été parmi les défenseurs de l'idée que les cétacés ont des facultés culturelles, chose extrêmement rare dans le monde animal. Leur article dans le *Journal of Behavioral and Brain Sciences* a déclenché une tempête de réactions sur la possibilité de processus culturels dans les océans et marqué le début d'une nouvelle ère des études portant sur la culture des cétacés.

Comme nous l'avons déjà vu, apprentissage et imitation sont importants dans la définition du concept humain de culture. Un bon exemple d'apprentissage social dans l'océan est la transmission par la mère à sa progéniture d'une spécialisation dans la recherche et la consommation de nourriture. Outre le comportement des Grands dauphins de la Shark Bay avec leur éponge, il existe beaucoup d'autres exemples d'apprentissage social de ce type transmis d'une génération à l'autre. Ainsi, si vous êtes sur la plage australienne de Monkey Mia, de « gentils » dauphins viennent quémander de quoi manger, unique exemple de stratégie de recherche de nourriture transmise par les Grands dauphins femelles sur trois générations. Le long de cette plage de sable blanc fréquentée par les vacanciers, les dauphins ont adopté l'une des méthodes les plus paresseuses de la planète pour se procurer à manger. Ils nagent près du rivage dans l'attente qu'un garde-côte local leur donne du poisson. Les petits ont été observés à plusieurs reprises nageant à côté de leur mère et apprenant eux-mêmes la technique. Ce comportement n'est malheureusement pas dépourvu de conséquences. Des recherches ont montré que les petits nés de femelles nourries de la sorte avaient une mortalité deux fois plus élevée.

Une autre méthode de transmission culturelle chez les Grands dauphins est l'instauration d'équipes coordonnées de dauphins et de pêcheurs à Laguna, au large des côtes brésiliennes. D'une manière très proche de ce qui se passe avec les pêcheurs Imraghen en Mauritanie (voir chapitre 6), la relation homme-dauphin s'est perpétuée de génération en génération depuis 1847. L'effort conjoint mis en œuvre à Laguna implique une communication encore plus précise. Lorsque les poissons se regroupent, les dauphins se livrent à un comportement spécifique de rotations et de plongeons signifiant aux pêcheurs qu'il est temps de mettre leurs filets à l'eau. Les poissons qui s'échappent sont des proies faciles pour les dauphins. Ce qui est intéressant du point de vue de la culture est que le travail d'équipe homme-dauphin n'est appris et adopté que par les jeunes dauphins dont les mères ont participé à cette action coordonnée.

Les grands dauphins ne sont pas les seuls cétacés à présenter la transmission verticale d'une culture : c'est aussi le cas des bélougas et des orques, par exemple. Les jeunes suivent leur mère au cours de leur première migration, du lieu de leur reproduction à celui de leur alimentation, puis referont le même trajet durant toute leur vie. Les jeunes femelles transmettent ainsi le trajet de la migration à la génération suivante. Ce type de transmission culturelle a aussi été bien étudié chez plusieurs espèces de baleines telles que la baleine grise qui migre sur près de 20 000 km des eaux froides riches en plancton de l'Arctique jusqu'aux eaux chaudes des lagons de la péninsule de Baja au Mexique où elles mettent bas.

Les orques nomades présentent un exemple encore plus spectaculaire de transmission culturelle avec leurs attaques préméditées de pinnipèdes situés sur les rives. Les adultes peuvent encourager leur progéniture à apprendre les techniques de chasse en les poussant et en les orientant vers la plage où se trouvent les phoques. Parfois, après que leur proie ait été attirée à l'eau, les adultes continuent de faire participer leur petit à la manipulation des phoques, le plus souvent encore vivants, de sorte qu'ils puissent avoir l'expérience la plus directe possible de la manière de se nourrir. On a vu dans certains cas des femelles adultes se lancer vers la plage avec leur petit sans aucune proie potentielle en vue. Cela peut sembler parfaitement inutile et risqué, mais la mère reste toujours prête à ramener son petit à l'eau s'il y a un problème. Finalement, cela fait partie de la leçon.

Fotolia © Laurent Nicolaon

Dans le même contexte, les orques résidentes sont des prédateurs spécialisés dans le poisson qui transmettent leur stratégie de recherche à leur petit. Les orques résidentes et nomades ne sont pas aussi proches dans leurs habitudes culturelles que nous pourrions le penser. Leurs préférences alimentaires ou leur stratégie de recherche ne se recoupent pas, elles possèdent des structures sociales distinctes et émettent des sons entièrement différents. Cette différence suggère la possibilité que leur culture ait pu influencer leur évolution génétique.

L'un des plus beaux arguments en faveur d'une culture chez les cétacés vient de l'étude des dialectes vocaux des orques résidentes. Dans leur monde matrilinéaire, chaque clan a un ensemble caractéristique d'appels qui semblent toujours la même et rester stable au fil des générations. Ces groupes d'appels sont connus sous le nom de dialectes. D'habitude, les clans de résidentes produisent entre 7 et 17 types de ces appels. En étudiant les orques résidentes des eaux côtières de Colombie britannique, John Ford a découvert que ces dialectes ont été transmis sur au moins 6 générations, ce qui milite fortement en faveur d'une transmission culturelle chez cette espèce.

Les traditions culturelles chez les orques au large de l'île Vancouver peuvent aussi prendre la forme d'une cérémonie ritualisée de salutations qui peut rappeler une cour royale du XVIIIe siècle. Lorsque différents clans d'une communauté se retrouvent après une longue séparation, chacun vient en surface s'aligner face à l'autre clan pendant dix secondes au moins. Puis, lentement, chaque individu franchit la ligne entre les deux clans pour s'approcher des autres. Cette rencontre peut durer des jours où les animaux se mêlent, jouent et se frottent les uns aux autres.

C'est dans les années 1960, en travaillant sur des grands dauphins en captivité, que David et Melba Caldwell ont, les premiers, observé et enregistré les sifflements « signature » des dauphins. Cette signature apprise, qui dépend largement de l'environnement, est gardée par l'individu toute sa vie. Elle est comme un nom permettant aux autres membres du groupe de se reconnaître par le son. Le « contour » de ce sifflement est propre à chaque individu et comporte des traits stéréotypés. Les expériences de playback récemment menées par un autre tenant de cette « signature sifflée », Laela Sayigh, montrent, non seulement que les dauphins peuvent discriminer différents sifflements, mais qu'ils les utilisent pour reconnaître chaque individu, ce qui aide le groupe à garder sa cohérence. Lorsqu'un dauphin communique sa propre signature sifflée, il n'est pas rare qu'un autre dauphin la répète à son tour. Dans le monde des dauphins, cela pourrait bien être le moyen de reconnaître la présence de l'autre.

Dans la baie de Sarasota, les jeunes dauphins apprennent leur signature de leurs congénères, preuve que ces sons ne sont pas innés. Les mâles tout jeunes émettent des signatures similaires à celle de leur mère tandis que les femelles produisent des sons qui leur sont propres. Ces signatures plus individualisées chez les femelles peuvent les aider à ne pas faire de confusion, notamment à la fin du sevrage, quand les femelles d'un groupe tendent à rester ensemble. Le problème ne se pose pas pour les jeunes mâles car ils quittent leur mère lorsqu'ils deviennent adultes et ont donc moins de chances d'être mal identifiés.

On croyait que le fait de se reconnaître par un nom était le propre de notre culture humaine, comme notre capacité à distinguer des musiques et des rythmes différents. Il y a peu, pourtant, des scientifiques du Disney Epcot Center ont pu entraîner des dauphins à entonner un air du thème de la série TV *Batman*. Les Grands dauphins en captivité étaient, non seulement capables de distinguer les rythmes, mais aussi de les reproduire dans le bon ordre et au bon moment. Comment arrivaient-ils à faire cette tâche apparemment ridicule ? Un objet, dans ce cas un Batman miniature, symbolisait une combinaison spécifique de rythme et de vocalisation pour le dauphin. Lorsque l'entraîneur montrait le Batman au dauphin, l'animal répondait immédiatement par un son. Le résultat était une version aiguë de ce que certains d'entre nous peuvent se rappeler de leur enfance : « Batmaaaaaan ». Peut-être que les dauphins ne sont pas encore prêts pour une symphonie de Mozart mais il semble toutefois que certains éléments de la musique humaine tels que le rythme, le ton et le timbre soient reconnaissables dans leur monde aquatique.

Même en considérant les émissions vocales largement étudiées des cachalots et des baleines à bosse, ce qui dépasse le cadre de ce livre, la quantité d'informations disponibles sur la culture des cétacés ne se rapproche pas encore du niveau de connaissances atteint chez les primates. Ce que nous avons pourtant appris chez ces animaux aquatiques est que la culture existe chez les dauphins, du moins sous certaines formes, et que le multiculturalisme observé par exemple chez les différents clans d'orques d'un même lieu et la stabilité culturelle sur plusieurs générations sont aussi présents chez ces animaux. Le multiculturalisme et la stabilité culturelle peuvent avoir un effet sur l'évolution génétique. Les dauphins qui arrivent à apprendre ou à hériter de « cultures fructueuses », comme une technique très efficace de chasse au pinnipède, transmettront probablement leurs « bons gènes » à la génération suivante, lui offrant ainsi une plus grande chance de survie dans un milieu éprouvant et toujours changeant.

Culture club

Que ce soit à propos des chimpanzés ou des dauphins, nous pouvons nous poser quelques questions sur l'importance évolutive de la culture. D'où vient-elle, comment se développe-t-elle exactement ? Pourquoi certains traits sont-ils sélectionnés et se perpétuent-ils contrairement à d'autres ?

On peut d'abord constater qu'il est difficile d'expliquer la répartition géographique des cultures. Peu de cultures liées aux outils chez les chimpanzés suivent une logique géographique. Les bâtons à termites en Afrique de l'Est et les marteaux de pierre en Afrique de l'Ouest sont de rares cas de cultures plus ou moins restreintes à des régions. D'autres cultures d'outil, telles que les éponges de feuilles et la pêche aux fourmis se retrouvent sans aucune logique apparente sur tout le continent africain. Cela pourrait être dû à un type d'innovation culturelle en mosaïque, dans laquelle un chimpanzé créatif en

Tanzanie invente, de son côté, un nouvel outil tandis qu'un autre a la même « idée » en Côte d'Ivoire, des milliers de kilomètres plus à l'ouest. Ou cela pourrait être le fait d'une extinction anarchique des cultures. Supposez que les cultures d'outil se produisent indépendamment tout le temps, et dans toute l'Afrique, mais aient aussi tendance à disparaître avec la mort de leur inventeur. Ce type d'extinction sélective produirait ce que l'on voit aujourd'hui. Alors faut-il supposer que la diversité culturelle chez les chimpanzés est le résultat de l'innovation, de l'extinction ou d'un peu des deux ? Pour le moment, il est difficile de répondre à cette question.

Nous pouvons cependant nous demander comment et pourquoi certaines traditions culturelles, qu'elles soient techniques ou sociales, naissent et se développent. L'évolution biologique a d'abord lieu par la sélection naturelle. Elle est rendue possible par le transfert de matériel génétique d'une génération à l'autre. C'est cependant un processus peu efficace en raison du temps de génération requis pour que les gènes soient transmis à la génération suivante et parce que chaque acte de reproduction exige, chez tous les animaux supérieurs, la redistribution des gènes maternels et paternels. Si un trait culturel tel qu'une nouvelle manière d'utiliser un outil confère à son utilisateur une meilleure chance de survie et une meilleure reproduction, il a alors une bonne chance d'être transmis. Même si l'innovation est culturelle et non génétique, la tradition de son usage, une fois établie, doit se répandre et apporter du coup l'avantage d'une adaptation évolutive à son inventeur. Ainsi, un trait entièrement non génétique peut avoir à long terme un effet génétique, évolutif, sur la survie d'une espèce.

La transmission culturelle est un moyen plus puissant de changer une espèce que l'évolution biologique. Elle agit plus rapidement et répond plus vite aux circonstances changeantes de l'environnement. L'évolution « culturelle » n'exige pas un brassage massif du patrimoine génétique qui ralentit radicalement la vitesse de changement. Seuls quelques groupes d'animaux sur cette planète présentent ces types de traits culturels. Les primates supérieurs sont à coup sûr des animaux culturels. Les cétacés manifestent aussi certains éléments de culture. Dans les deux cas, l'aptitude à la culture est la conséquence de l'évolution d'un cerveau volumineux et complexe. Pour rassembler les éléments disparates de la complexité sociale, de l'intelligence et du comportement – que nous voyons parallèlement chez les grands singes et les dauphins – nous devons aborder directement la question du développement de l'intelligence.

8
Aux racines de l'intelligence humaine

Le parallélisme entre cerveau volumineux et certains aspects du comportement et de l'écologie des chimpanzés et des dauphins n'est pas un hasard. L'hominidé ancestral est descendu des arbres et s'est mis à marcher debout pour un nouveau futur. L'ancêtre des dauphins marchait sur ses quatre pattes et vivait aux abords marécageux des lacs. Empruntant des chemins absolument différents, ces deux lignées ont développé des adaptations parallèles qui se sont traduites par des succès évolutifs. Elles présentent à la fois des convergences frappantes et de fortes différences. Il est temps pour nous de rassembler ces éléments pour discerner les facteurs évolutifs qui ont amené à ces ressemblances dans l'intelligence et la complexité sociale que l'on peut voir chez les singes et les dauphins. Bien que, dans l'évolution de la vie, tout puisse être imaginé, il n'est pas surprenant que deux êtres au gros cerveau, par ailleurs si différents, aient tant de points communs.

Des mains habiles

Pourquoi et comment les grands singes et les dauphins ont-ils pris des chemins aussi différents ? Les ancêtres des grands singes et de l'homme moderne, il y a une vingtaine de millions d'années, leur ressemblaient peu. Les premiers grands singes ne pouvaient pas tourner leurs épaules, ne marchaient pas sur les phalanges de leurs mains et n'avaient pas un cerveau particulièrement gros. En fait, les scientifiques ne les reconnaissent que par un seul trait anatomique qui permet aussi de rattacher ces premiers singes à d'autres êtres vivants. Dès le début en effet, les grands singes présentent des molaires avec un motif en Y, correspondant à la fissure qui relie les cinq cuspides, commun à l'homme. Ces premiers ancêtres sont apparus et se sont diversifiés il y a 10 à 20 millions d'années. C'est de l'une de ces lignées qu'est née la descendance qui mènera directement aux grands singes et aux humains.

Ces grands singes étaient très adaptés à une vie en partie arboricole avec, pour la première fois, une possibilité de pivoter les épaules qui leur permettait de se tenir suspendus aux branches tout en se nourrissant. C'est la même position d'être pendu par les bras et de se balancer que les gymnastes utilisent encore aujourd'hui. Comme les plus anciens ancêtres précurseurs des grands singes avaient déjà une main préhensible, 40 millions d'années plus tôt, ils étaient devenus très habiles de leurs doigts. Leur main était l'héritage de cette adaptation clé, déjà présente chez les primates les plus primitifs, qui s'est probablement développée pour leur permettre de saisir les branches et de s'y déplacer prestement mais aussi d'attraper de petites proies comme des insectes ou des grenouilles. Elle est apparue de concert avec un autre trait fondamental des primates, la vision stéréoscopique. Quand on se balance d'un arbre à l'autre, une bonne perception de la profondeur évite de faire de mauvaises chutes au sol. C'est la même main préhensible que l'on retrouve, des dizaines de millions d'années plus tard, lorsqu'elle commence à servir aux hominidés qui utilisent des outils. Ces aspects contingents, qui reflètent si bien la mosaïque de traits du corps humain actuel, font mentir l'idée répandue que les espèces animales, homme compris, auraient été formées d'un bloc par l'évolution. Les différentes parties ont plutôt été bricolées à chaque génération, toujours à partir d'une version plus ancienne.

Les ancêtres des grands singes possédaient ainsi des mains et des doigts agiles, hérités des primates les plus primitifs. Les doigts des grands singes sont longs, le pouce peut à peine les toucher. Cela contraste fortement avec l'homme, dont le pouce et les doigts peuvent se trouver réunis lors de la préhension. Dès que les humains ont commencé leur évolution, la longueur relative des doigts et du pouce a changé, de sorte que la dextérité manuelle s'est accrue et cela a probablement permis d'améliorer la fabrication et l'utilisation d'outils.

Le résultat de cette évolution fut une paire de mains préhensibles dotées de doigts précis qui ont permis le développement, inspiré par le cerveau, de la technique. Les dauphins, bien sûr, n'ont pas connu cette étape de l'évolution. La main préhensible n'a jamais été un élément de leur évolution. La main des hominidés qui émergeaient s'est développée au moment où le cerveau se mettait à grossir en taille, ce qui a permis une utilisation de plus en plus complexe et subtile de la main. Darwin l'avait bien pressenti lorsqu'il supposait, en 1871, que le redressement de notre posture avait libéré nos mains pour fabriquer des outils, donnant une nouvelle prime au développement du savoir-faire technique. Bien qu'il ignorât que notre posture debout a évolué des millions d'années avant que n'apparaisse l'usage d'outils, il est évident que la fabrication d'outils offrait un avantage pour la survie et la reproduction. Un tel avantage a joué un rôle dans l'expansion ultérieure de la taille de notre cerveau. Il y a 2,5 millions d'années – nous en avons le solide témoignage par des fossiles – des humains en Afrique de l'Est utilisaient des outils de pierre rudimentaires pour casser les os des animaux chassés ou trouvés morts.

Notre héritage de grand singe a permis de mettre en place les conditions d'évolution d'une forme d'intelligence poussée à un point jamais atteint sur la planète. Il n'y avait aucun « dessein » derrière tout cela ; nous avons simplement hérité de la bonne combinaison de caractéristiques et, une fois qu'elle a été en place, la sélection naturelle a produit l'intelligence comme un nouveau et saisissant mode d'adaptation. L'association fortuite de divers traits comme la main préhensible, le volumineux cerveau et la posture bipède, l'a rendue possible. L'ancêtre des dauphins ou des baleines actuels n'avait aucune de ces caractéristiques, et c'est ce qui a fait toute la différence pour leur descendance.

Au XXIe siècle, époque de la miniaturisation, ce sont nos mains qui sont devenues le facteur limitant. Cela est dû au fait que nos gros doigts sont incapables de suivre la réduction du clavier que pourrait faire la technologie. Ainsi, beaucoup de caractéristiques des ordinateurs modernes, et en premier lieu le clavier sur lequel j'écris, sont conçues en tenant compte de la dextérité relativement faible de nos mains. En termes d'évolution, nos ancêtres étaient bien placés au Pliocène, mais maintenant nous ne pouvons plus suivre l'évolution technologique.

Des mains sous-jacentes

L'hiver dernier, je donnais un cours sur l'histoire de la vie des Mammifères marins à un groupe d'environ cinquante jeunes étudiants de l'université de Californie à Los Angeles. Les dauphins, plus que tout autre animal, semblaient capter l'attention de mon auditoire. Un matin, je suis arrivé en classe avec le squelette d'une nageoire pectorale de grand dauphin. Je voulais les aider visuellement pour leur expliquer l'évolution de ces cétacés à partir de leurs ancêtres terrestres. Lorsque j'ai posé le squelette sur mon bureau, mes étudiants ont paru très étonnés de voir que la nageoire grise hydrodynamique qu'ils connaissaient et sert aux dauphins à se diriger dans leur course se présentait maintenant sous la forme d'une main osseuse allongée, pas très éloignée de la leur. Montrer le squelette de la nageoire a été une manière très vivante de rappeler qu'en dépit de leur environnement aquatique les dauphins sont en tout point des Mammifères. Un examen plus approfondi a permis de faire ressortir ensuite les différences entre la « main » du dauphin et la nôtre. Les dauphins ont plus de phalanges dans ce membre, une adaptation à la fonction de « nageoire » spécialisée qu'exige le déplacement dans l'eau.

À peu près au même moment où la lignée des premiers primates émergeait et qu'apparaissait la main préhensible, les premiers dauphins entamaient aussi leur première « rupture ». Les cétacés ont évolué à partir d'animaux à sabot qui ont donné les archéocètes, une branche précoce et sans avenir des précétacés. Il y a plus de 50 millions d'années, les ancêtres des dauphins étaient de vrais animaux terrestres de la taille d'un chien. Au cours de leur transition vers la vie aquatique, les membres de ces lointains dauphins ont évolué en des versions miniatures de leurs pattes terrestres tout en retenant le même nombre et la même disposition des os que leur ancêtre.

Mais comment savons-nous que les dauphins actuels viennent d'un mammifère poilu et quadrupède ? Pour mieux comprendre l'évolution de ces animaux, Hans Thewissen s'est penché sur leur développement embryonnaire. Il y a plus de 15 millions d'années, une accumulation de changements génétiques a accéléré la vitesse à laquelle les membres des cétacés se sont mis à régresser au fil des générations. L'absence d'un gène en particulier a été identifiée comme responsable du déclin et de la perte des membres postérieurs : le gène *sonic hedgehog*. On sait que ce gène important facilite le développement normal des membres. Il a disparu chez le dauphin, il y a environ 15 millions d'années, ce qui explique que seuls des bourgeons de membres apparaissent chez l'embryon en lieu et place des pattes arrières. Thewissen explique que « les gènes sont similaires à des coureurs dans une course de relais complexe où un coureur ne peut s'élancer que s'il a reçu le signe d'un coureur précédent.

Chez les dauphins toutefois, au moins un gène manque à l'appel en début de course, ce qui ne permet pas aux autres d'enchaîner. » Les informations recueillies par Thewissen sur le développement embryonnaire du dauphin tacheté, jointes aux informations fournies par les fossiles et l'ADN, nous éclairent un peu sur l'évolution de ces animaux parfaitement hydrodynamiques qui nagent aujourd'hui dans les océans.

L'une des différences les plus évidentes entre dauphins et grands singes est l'absence de mains ou de pieds chez les cétacés. Cette adaptation au milieu marin a certainement limité la capacité des cétacés à développer des compétences techniques ; inventer quelque chose grâce à un cerveau volumineux est futile s'il n'y pas moyen de s'en servir. Tout au long de l'histoire des premiers hommes, la capacité à faire et à utiliser des outils de plus en plus complexes s'est accrue et a joué un rôle clé, à partir d'un certain moment, dans le développement en volume du cerveau. L'autre contrainte jouant sur l'évolution d'une intelligence comparable à celle des primates chez les cétacés est le milieu dans lequel ils vivent. L'eau impose un coût énorme au corps pour qu'il puisse seulement maintenir sa température. La profondeur et la transparence variable des eaux posent aussi un problème pour communiquer par la vue. On pensait que les dauphins étaient des animaux visuellement déficients qui se fiaient d'abord à l'écholocalisation mais cette conception s'est récemment avérée simpliste. Plusieurs espèces voient très bien dans l'eau et même hors de l'eau. L'absence de mains pour saisir les choses reste toutefois un handicap incontournable pour qu'évolue une intelligence semblable à celle des primates.

Taille du cerveau et intelligence

Peu de temps avant que ne disparaissent les archéocètes, les précurseurs des baleines et des dauphins font leur apparition. À peu près au moment où les grands singes émergent sur terre, les premiers dauphins « reconnaissables » apparaissent aussi. Et à l'époque où les hominidés se démarquent des grands singes, les baleines et les dauphins se sont différenciés. Alors que le cerveau des primates s'est développé en plusieurs lobes, sous l'effet de la sélection naturelle, chacun doté de fonctions propres qui se recoupent largement, le cerveau des dauphins qui apparaissent ne correspond pas à ce schéma. Il est plutôt à plusieurs étages, avec certaines régions ayant la même fonction que chez les primates et d'autres dont le rôle reste peu clair.

Le cerveau des dauphins présente de nombreuses circonvolutions et affiche un volume et un poids supérieurs à celui de l'homme. Le poids moyen du cerveau d'un être humain adulte est de 1,3 kg alors que celui du grand dauphin est environ 25 % plus lourd. Si l'on mesurait l'intelligence à l'aune de la seule taille, le cachalot serait le plus intelligent des animaux sur Terre avec un cerveau pesant 7,8 kg, suivi de l'éléphant africain avec un poids de 7,5 kg, puis le rorqual avec 6,9 kg. L'homme arriverait juste avant la vache. Comme la taille du cerveau est souvent proportionnelle à celle du corps, un biologiste de l'université de Californie à Los Angeles, Harry Jerison, a conçu un indice de céphalisation (IC) qui exprime cette taille rapportée à celle du corps. Dans cette nouvelle échelle, l'homme retrouve sa place familière de premier au sein du règne animal. Une chose intéressante est qu'en comparant les IC de différentes familles de primates anthropoïdes et de dauphins, des niveaux semblables de céphalisation se retrouvent dans des lignées phylogénétiques extrêmement diverses. Mieux, dauphins et grands singes ont de très gros cerveaux proportionnellement à leur corps, ce qui les positionne juste derrière nous dans la liste des IC.

Plus surprenant encore : le degré de céphalisation de *Homo erectus*, le précurseur direct de *Homo sapiens*, n'était pas beaucoup plus élevé que celui du tucuxi, un dauphin des rivières côtières, qui fréquente aujourd'hui les eaux boueuses du

Bassin amazonien. Si l'on remonte ainsi dans le temps, il y a 2 millions d'années le mammifère le plus céphalisé sur la planète n'était pas un hominidé mais un dauphin.

Au cours de leur histoire, les dauphins ont eu, relativement à leur corps, un plus gros cerveau que nous durant plus longtemps, alors pourquoi ne dominent-ils pas la Terre ? Ce qui nous distingue des dauphins est la formidable augmentation de la taille du cerveau qu'a connu notre espèce en un laps de temps relativement court. La neuroanatomie nous dit que les cerveaux du dauphin et de l'être humain présentent des similitudes dans l'asymétrie et la « latéralité » du comportement, connues chez l'homme pour leur association à des processus cognitifs complexes tels que le langage. Des études récentes montrent que le cortex des cétacés que l'on croyait uniforme est plutôt varié, ce qui a des implications pour la complexité de leur cognition. Malgré tout, les différences morphologiques sont significatives entre les cerveaux des dauphins et de l'être humain. Pour en citer quelques unes, leur forme générale n'est pas la même, le cortex est beaucoup plus mince chez les dauphins et présente plus de replis corticaux, et les aires pariéto-temporales de leur cerveau sont plus fournies.

Ces différences et d'autres entre cerveaux de dauphins, de grands singes et de l'être humain sont probablement le fait de réponses évolutives à des contraintes environnementales différentes. Mais chez les grands singes comme chez les dauphins, un gros cerveau confère la capacité d'analyser la dynamique sociale complexe dans le groupe et d'être littéralement des « bêtes de politique ».

Les liens qui unissent

Maintenant que nous avons examiné les différences clés de nos chemins évolutifs, quels sont en revanche nos points de convergence ? Pourquoi ces intelligences cérébrales sont-elles nées dans des lignées qui semblent par ailleurs avoir si peu de points communs ?

Le comportement de certaines espèces de grands singes et de dauphins présente beaucoup de similitudes : une tendance à vivre dans des groupes souples et changeants, capables en une journée de se diviser et de se réunir d'une manière imprévisible ; un cerveau particulièrement volumineux ; un régime alimentaire plutôt fait d'aliments dispersés sur le territoire et de haute qualité, que ce soit des fruits ou des poissons ; la tendance des mâles à former de solides coalitions qui leur permettent de s'imposer à d'autres mâles ou de « persuader » sexuellement des femelles. Ces fascinantes convergences illustrent bien que la sélection naturelle, agissant dans un monde fini, a produit un nombre fini de formes potentielles. Nous savons déjà que des milieux comparables tendent à avoir une gamme similaire de niches écologiques, et que des animaux de parenté éloignée peuvent se ressembler étrangement si leur environnement est comparable. Les Mammifères australiens ressemblent beaucoup aux autres Mammifères du reste du monde, avant un examen plus attentif. Il apparaît alors que ces formes australiennes, les marsupiaux, ont un système reproducteur entièrement différent, avec une poche au lieu du placenta, et un pénis qui transmet uniquement le sperme tandis que l'urine est évacuée par un cloaque primitif. De prime abord, on observe une stupéfiante convergence entre le loup marsupial (l'énigmatique thylacine récemment éteint) et le loup placentaire, ou entre la souris marsupiale et la placentaire. On a aussi trouvé des fossiles d'un lion marsupial. Même le kangourou actuel est semblable à un daim ou à une antilope placentaires, espèces qui n'existent pas en Australie. Bien que les kangourous et les antilopes aient évolué sur un modèle corporel différent, ils exploitent la même ressource d'origine, la savane.

L'encéphalisation, c'est-à-dire l'expansion du néocortex cérébral au cours de l'évolution, est une adaptation clé à la fois pour les chimpanzés et les dauphins. Elle fait partie intégrante de leur manière de répondre aux pressions du milieu. Bien que le monde sous-marin du dauphin et l'habitat forestier du chimpanzé semblent bien différents, les pressions environnementales auxquelles ils doivent faire face, et les tactiques qu'ils adoptent alors, sont étonnamment similaires. Les chimpanzés apprennent où se trouvent des centaines, voire des milliers, d'arbres fruitiers, et se rappellent quand leurs fruits arrivent à maturité. Leur rayon d'action est bien plus grand que celui d'autres animaux qui consomment les mêmes fruits mais ont un schéma de recherche plus rigide. Ce que la sélection naturelle a favorisé chez les singes est leur adaptabilité, cette capacité qu'ils ont à modifier leur comportement en réponse à un changement dans l'approvisionnement en fruits. Ils n'utilisent pas seulement leur odorat ou leur ouïe pour trouver de la nourriture mais aussi leur cerveau, ce qui leur permet de développer de nouveaux moyens d'extraire de la nourriture de leur environnement.

Les dauphins ont aussi recours à leur cerveau et à la flexibilité de comportement qu'il leur procure pour trouver de quoi se nourrir. Des espèces comme l'orque, le Grand dauphin et le dauphin commun sont opportunistes, capables de s'adapter suivant les circonstances et de changer en fonction des proies disponibles.

Dans les eaux côtières du golfe d'Amvrakikos et autour de l'île de Kalamos, dans l'ouest de la Grèce, les Grands dauphins ont développé diverses tactiques face à des milieux très différents dans une petite aire géographique. Dans les eaux à moitié fermées du golfe polluées par les rivières et d'autres sources de contamination, les Grands dauphins circulent près de la surface et chassent en groupe. Mais dans les eaux ouvertes et moins contaminées autour de Kalamos, ils vont plutôt se nourrir en profondeur qu'en surface.

Partout dans le monde, les Grands dauphins sont une espèce opportuniste capable de s'adapter à des conditions variées. Par exemple, la plasticité de leur comportement leur permet de tenir compte des activités humaines et de collaborer, par exemple, à la pêche au filet qui se déroule à Laguna ou en Mauritanie comme évoquée précédemment. De telles solutions font appel à leur adaptabilité, à un répertoire de comportements acquis rendu possible par la seule intelligence.

Ce type d'adaptation cognitive n'est certainement pas unique aux grands singes ou aux dauphins mais c'est chez eux qu'elle atteint ses sommets. De tels cerveaux exigent néanmoins du temps pour grandir. Les humains mettent bien plus de dix ans pour devenir adultes et apprendre à se comporter comme tels au cours d'un processus que nous appelons socialisation. Les chimpanzés mettent aussi plus d'une décennie pour y arriver. Au cours de cette période, ils ne cessent de charger en mémoire des « programmes » de comportement pour les aider à répondre à toutes les situations nouvelles ou légèrement différentes qu'ils auront à affronter au cours de la vie. C'est le prix à payer alors que les autres animaux deviennent adultes plus rapidement et n'ont pas besoin de tout cet apprentissage à effectuer tout au long de la vie. Seuls les humains et quelques animaux incorporent un plus grand pourcentage d'informations apprises dans leurs stratégies de survie et de reproduction, processus qui demande des années de maturation. Une étude récente effectuée sous la houlette du chercheur Luis Lefevbre a examiné la relation existant entre taille du cerveau et durée de vie chez les mâles et femelles de vingt-cinq espèces d'odontocètes. Il en ressort que, d'une manière similaire à leurs lointains cousins primates, cette taille a coévolué avec l'allongement de la durée de vie, ce qui signifie qu'un déroulement de la vie plus long est une composante significative de l'encéphalisation.

Mais pourquoi avoir un cerveau volumineux et complexe ? Les dinosaures ont vécu et prospéré des centaines de millions d'années avec un cerveau très réduit. L'intelligence est une adaptation due à l'évolution mais pas forcément la seule ni même la plus efficace. Ce qui marche va dépendre du contexte fourni par l'environnement. Certains animaux sont sur Terre depuis des centaines de millions d'années et ont peu changé. D'autres, tels les primates et les cétacés, qui ont subi des changements spectaculaires avec une forte croissance de leur cerveau, datent de quelques millions d'années seulement.

La sélection naturelle agit en faveur de l'intelligence lorsque celle-ci apporte un bénéfice pour la survie et la reproduction supérieur à celui dû à des caractéristiques déterminées par la génétique. La capacité de faire et d'utiliser un outil est l'exemple d'une telle adaptation chez les chimpanzés. L'outil n'est pas en lui-même une adaptation contrairement à la capacité d'apprentissage et d'imitation. La capacité à répondre à la dynamique très variable d'un groupe social, comme celui de mâles formant des coalitions pour contrôler des femelles, ne se limite pas aux primates supérieurs ou aux dauphins mais caractérise bien nombre de leurs espèces. Dans chaque cas, cette aptitude demande des années d'apprentissage mais peut se trouver récompensée par un plus grand potentiel reproducteur. Les outils permettent aux chimpanzés de se procurer des protéines, des graisses et des sucres, inaccessibles autrement. Ce complément peut aider une femelle dans sa gestation ou dans son allaitement durant une période maigre de l'année, donc à augmenter sa descendance pendant sa longue vie.

Les drames shakespeariens qui se déroulent dans les sociétés de chimpanzés ou de dauphins lorsque les mâles tentent de manipuler les femelles reposent sur l'intelligence tactique que permet seul un gros cerveau. On pensait que de telles alliances de mâles étaient fondées sur la parenté. Nous savons maintenant que les mâles forment de telles coalitions en vue d'un bénéfice commun, et peuvent se retourner les uns contre les autres juste après avoir détrôné un alpha. La formation de liens due à la complexité cérébrale favorise grandement la survie des humains et elle est tout aussi importante pour les chimpanzés. Les dauphins mâles ont pareillement recours à de telles coalitions pour écarter des concurrents mâles indésirables et s'assurer l'accès aux femelles.

Un gros cerveau peut aussi être utile pour chercher de la nourriture. Comme nous l'avons vu, chimpanzés et dauphins vivent d'une nourriture éphémère et très dispersée. Les dauphins chassent des bancs de poissons, les chimpanzés l'apparition temporaire des fruits mûrs à la cime des arbres. Ces deux spécialités alimentaires les font naviguer tout le jour à la recherche du prochain banc, du prochain site. Mais prédire où et quand chercher est le plus difficile. Les chimpanzés ont la mémoire d'un garde forestier, surveillant les arbres des semaines avant que leurs fruits n'arrivent à maturité, puis y revenant jour après jour jusqu'à épuisement de leur trouvaille. La barre est placée encore plus haut pour les dauphins : ils doivent savoir où localiser rapidement des bancs de poissons qui se déplacent rapidement et le faire sans repères évidents tels que des arbres, des cours d'eau ou des montagnes. Ils ont pour cela un sonar, merveille de l'évolution, que les hommes n'ont réussi à recréer que récemment pour leur propre usage. Pourtant, le sonar ne suffit pas à fournir un repas et les dauphins doivent mettre en œuvre toute leur intelligence et leur mémoire pour qu'elles puissent leur servir à trouver puis à capturer les poissons.

Suivant les régions, les Grands dauphins utilisent des stratégies entièrement différentes qui incluent la chasse en groupe, la recherche individuelle près du rivage, l'encerclement de leurs proies et parfois l'utilisation de leur queue pour assommer les poissons, ou encore la chasse des bancs de poissons sur les fonds vaseux, la poursuite des bateaux de pêche, et la collaboration avec les pêcheurs en poussant les poissons dans leurs filets. Les études sur la manière dont les dauphins mobilisent leur cerveau pour « extraire » leur nourriture de leur environnement ne manquent pas, mais comprendre la mémoire spatiale d'un dauphin sauvage est une autre histoire. La majorité des études sur la « mémoire » des dauphins a été faite sur des animaux en captivité. Les entraîneurs, assis ou debout au bord du bassin, font des tests de toutes sortes et attendent la réponse des dauphins. Il ressort de ces expériences que la mémoire spatiale pourrait jouer un rôle important dans la nature mais la façon dont les dauphins l'utilisent dans le vaste océan est encore un secret bien gardé.

Les caractéristiques adaptatives partagées par les chimpanzés et les dauphins ne prouvent pas qu'une sélection naturelle, sous l'effet de pressions écologique et sociale similaires, procure les mêmes moyens cognitifs pour les affronter. L'organisation très différente des cerveaux de l'homme et du dauphin nous apprend que des chemins évolutifs différents peuvent aboutir à des résultats comparables. Cela suggère avec force que les complexités cérébrale, sociale et écologique sont liées.

L'intelligence est-elle universelle ?

Comprendre les parallèles entre chimpanzés et dauphins est une chose, en extrapoler les leçons au reste du monde animal en est une autre. Les espèces intelligentes sur Terre partagent-elles un ensemble de caractéristiques ? Nous pouvons nous tourner vers celles que nous connaissons bien : outre les primates et les cétacés, il y a les éléphants. Ces êtres captivants possèdent un cerveau énorme, même rapporté à leur corps. Ils ont un appendice, leur trompe, presque aussi adroit qu'une main. Et on a montré qu'ils avaient des capacités à résoudre des problèmes bien supérieures à celles des autres animaux. Beaucoup de personnes seront prêtes à défendre leur chat ou leur chien et à citer pour cela des anecdotes qui semblent montrer leur raisonnement presque humain. Certes, la recherche a brouillé les limites qui nous séparent des animaux en ce qui concerne l'intelligence. Pour l'essentiel, nous faisons pourtant de l'anthropomorphisme lorsque nous attribuons des qualités humaines à des animaux autres que les dauphins et les grands singes.

Combien de voies peuvent mener à ces niveaux d'intelligence ? Dauphins et grands singes représentent des points culminants parmi les milliers de lignées vivantes sur terre d'où seules quelques-unes ont donné des êtres hautement intelligents. Mais une autre manière de considérer les choses est de constater que sur la seule planète que nous connaissons bien, la nôtre, se trouve des êtres humains et quelques autres formes de vie intelligentes. Vu sous cet angle, on pourrait avancer que, dans le bon environnement physique, sur un créneau favorable de températures, avec de l'eau, de l'oxygène et de l'azote, l'évolution d'une vie intelligente devient une éventualité probable au lieu d'être une bizarrerie. De même que l'Australie nous illustre bien que les effets convergents de la sélection naturelle sont liés à un environnement physique précis, on peut imaginer que ce n'est qu'une bonne combinaison du milieu, du bagage évolutif et de circonstances historiques qui ont pu produire l'homme. Si l'on devait redémarrer une autre histoire de la terre, il n'y a aucune raison de penser qu'une intelligence de type humain verrait à nouveau le jour.

Conclusion
De belles intelligences qu'il est terrible de perdre

C'était prévisible depuis un bon moment. Pollution chimique et bruit incessant dégradaient largement l'habitat. Il y a eu la surpêche illégale, avec des explosifs ou des produits toxiques, le trafic étouffant et non régulé des bateaux commerciaux. Puis les avertissements des scientifiques suscitant l'inquiétude des organisations internationales de protection de la nature et du grand public. Trop tard. Dans le fleuve Yangtsé, l'un des cours d'eau les plus pollués au monde, le dernier dauphin baiji agonisait.

Le baiji, espèce endémique ayant divergé des autres dauphins, il y a plus de 20 millions d'années, était pour beaucoup un « fossile vivant ». Sa disparition crée un précédent dans l'histoire humaine, la première extinction d'un cétacé due à l'activité humaine. Nous avons assisté à ce dont nous parlions beaucoup dans les milieux de protection de la nature, sans nous douter que nous le verrions de notre vivant.

Dans les années 1980, il y avait près de 400 baiji dans le Yangtsé. En 1997, une expédition n'en avait plus retrouvé que 13. En 2006, six semaines de recherches ultra-modernes se sont avérées vaines sur les 3 500 kilomètres du parcours du fleuve : plus aucune trace des dauphins pâles et presque aveugles.

Au moins 20 à 25 individus de cette fragile espèce sont nécessaires pour en assurer la survie, mais pas un seul n'a été trouvé. Le baiji, connu localement sous le nom de « déesse du Yangtsé », est parti à jamais, victime de notre bien-être économique, de notre mépris brutal pour l'environnement et de notre manque de respect pour les autres formes de vie qui partagent la planète avec nous. Une autre espèce, le marsouin aptère du Yangtsé, est maintenant sur la même pente mortelle. Si nous restons encore assis à ne rien faire, cet animal sera probablement le deuxième cétacé à disparaître à jamais de notre vivant. Un avertissement de mauvais augure pour l'humanité et une perte irréparable.

Des espèces glamour

Le futur des grands singes et des dauphins passe par celui des forêts tropicales et des océans. Au fur et à mesure que nous avançons dans les forêts en quête de bois, de terres et de lieux de construction, nous privons d'habitat une foule d'êtres vivants. Au fur et à mesure que nous utilisons les océans comme décharge, nous rendons invivables les sites marins où vivent beaucoup de dauphins.

Voulons-nous sauver nos cousins au gros cerveau ? Oui, bien sûr que nous le voulons. Mais les questions de protection de la nature ne sont jamais aussi simples. Elles traitent de coûts et de bénéfices, du faisable et du presque infaisable. Savoir quelle espèce est à sauver ou à laisser tomber revient d'habitude à déterminer si elle est en vue et son sauvetage économiquement viable ou même simplement pratique. Lorsqu'une petite espèce, très en danger, de papillon ou de coléoptère se trouve sur la route du développement, elle perd presque toujours face aux intérêts humains. Les intérêts économiques sont simplement trop forts pour que les protecteurs de la nature puissent la défendre alors que des millions d'autres espèces de coléoptères existent encore.

Heureusement grands singes et cétacés ont la cote. Ils sont faciles à reconnaître et sont les représentants de la minuscule proportion d'animaux très intelligents sur terre. Les grands singes sont aussi nos parents les plus proches. Cela fait des siècles que les dauphins comme les singes nous captivent et sont présents dans le cœur des gens. Lorsque l'on fait appel à des fonds ou que l'on essaye de mobiliser les consciences en faveur de la nature, il y a de grandes chances que le public donne pour les grands singes ou les dauphins. Le « sourire » du dauphin ne nuit pas à sa séduction, bien au contraire. Ce sont, comme disent les protecteurs de la nature, des espèces « glamour ». Elles se tiennent aussi près du sommet de leurs écosystèmes respectifs. Les dauphins sont des prédateurs et parmi les plus gros animaux de leur milieu. Les grands singes sont les plus grands primates en dehors de l'homme et en général les plus grands Mammifères dans leur habitat forestier. Cela signifie que lorsque vous protégez une population de gorilles ou de dauphins, vous préservez par la même occasion leur habitat souvent peuplé d'autres espèces beaucoup moins glorieuses mais tout aussi en danger.

Pourtant, même la protection de l'espèce la plus glamour est semée d'embûches.

Sur des terres de conflit

Tous les grands singes vivent dans des pays en voie de développement très pauvres. Il leur faut de vastes morceaux de forêt tropicale également convoités par une population en pleine expansion et par des entreprises qui exploitent le bois ou les ressources minières. Une grande part de ces forêts tropicales ne sont pas directement visibles du monde extérieur. Ce n'est que lorsque des personnes décident de s'aventurer dans le bassin du Congo que nous pouvons découvrir le sort des grands singes qui y habitent. Beaucoup d'habitats critiques pour les grands singes sont sous la menace quasi permanente d'une guerre civile qui les rend inaccessibles aux protecteurs de la nature durant des mois ou des années. Dans le parc national de Kahuzi-Biega, situé dans les forêts de l'est de la République démocratique du Congo, les scientifiques ont dû attendre pendant toutes les années où la guerre civile faisait rage. Lorsqu'ils ont enfin pu accéder à nouveau aux populations des gorilles des plaines recensées comme en danger, ils ont découvert qu'elles avaient dramatiquement chuté. La guerre civile signifie qu'elles ne sont plus protégées par les gardes forestiers et que beaucoup de soldats, tiraillés par la faim et lourdement armés, peuvent s'ils le désirent se rabattre sur les gorilles. La guerre crée des vagues de réfugiés qui fuient les combats et qui tuent et mangent tout ce qu'ils peuvent quand ils traversent les habitats des gorilles.

Même un pays désireux d'agir en faveur des espèces menacées peut avoir des difficultés à le faire. L'arme à double tranchant de l'écotourisme apparaît bien clairement en Ouganda dans mon propre site de recherche sur les gorilles. Pendant de nombreuses années, la pionnière de l'étude des gorilles Diane Fossey a mené ses recherches sur les gorilles des montagnes en considérant l'endroit comme son fief, menaçant arme au point les braconniers locaux et tenant aussi à l'écart les touristes extérieurs. Après la mort de Fossey, en 1984, le gouvernement rwandais a développé l'écotourisme et celui-ci rapidement a constitué une source majeure de revenus pour ce pays pauvre. D'autres populations de gorilles des montagnes, dont celles que j'étudie en Ouganda, sont alors devenues des attractions pour touristes et des « vaches à lait » pour les gouvernements locaux. Le résultat initial fut de protéger efficacement ces magnifiques animaux qui auraient autrement sûrement disparu.

Les deux décennies suivantes virent des agences de voyage s'abattre sur le royaume des gorilles. Elles se mirent à construire des pavillons et à employer des travailleurs locaux.

Le gouvernement forma des guides, des gardes forestiers et des gardes pour faire les visites et protéger les touristes. De petites villes sortirent du sol autour des réserves où vivaient les gorilles. Dans les années 1980 et 1990, malgré plusieurs coups d'État et des guerres civiles au Rwanda et au Congo, les sites pour voir les gorilles des montagnes restèrent ouverts et tout le monde, gorilles compris, en bénéficia.

Puis vint l'attaque, très médiatisée, contre l'écotourisme ougandais mené par une milice rebelle locale. Des touristes furent assassinés, d'autres terrorisés, et les activités touristiques arrêtées. Le pays fut alors perçu comme peu sûr, ce qui fit chuter le tourisme en Ouganda. L'équilibre entre tourisme et protection qui avait paru si efficace s'avéra en fait très fragile. Deux ans plus tard, les militaires avaient renforcé leur présence dans la réserve pour décourager de futures attaque et les touristes commencèrent à revenir. L'image de l'Ouganda comme un endroit réservé aux plus courageux va demeurer encore des années dans les esprits et les efforts de protection des gorilles pâtiront de la baisse du tourisme qui en résultera.

Viande de brousse

Les grands singes ont besoin de grandes aires de forêt tropicale intacte pour survivre. Ces forêts régressent rapidement et les animaux avec. En Indonésie, l'exploitation accélérée et souvent illégale de la forêt vierge a conduit à une telle chute de la population des orangs-outans que l'on estime que sur l'île de Sumatra 80 % d'entre eux ont disparu en dix ans. En Afrique, le recul de la forêt n'est qu'une partie du problème. La chasse aux gorilles, chimpanzés et bonobos continue sans faiblir dans beaucoup d'endroits en Afrique centrale et de l'Ouest. Le commerce de la viande de brousse que l'on peut voir sur n'importe quel marché local comprend la viande de nombreux Mammifères. Mais alors que les antilopes, cochons et autres animaux peuvent se reproduire assez vite pour permettre ce trafic, les grands singes se reproduisent tellement lentement que même un niveau modeste de chasse peut éradiquer toute une population en peu de temps. Sur un marché d'Afrique centrale ou du Cameroun, les mains noires et tordues de gorille fumées sont à vendre dans des paniers. La viande part vite et il n'y en a pas pour les pauvres. La consommation locale de viande de brousse pendant des milliers d'années par les villageois pour ajouter un peu de protéines à un régime autrement bien maigre pose moins problème que son achat par des Africains relativement aisés qui considèrent la viande de brousse comme un mets délicat et sont prêts à dépenser jusqu'à cinq fois le prix de la viande ordinaire pour se la procurer. Cette demande oriente tout un commerce rendu possible par les récentes progressions de l'exploitation forestière en Afrique. Lorsque la nature sauvage commençait au bout de la dernière route dans la forêt vierge, les grands singes restaient hors d'atteinte si ce n'est des balles de quelques villageois sur place.

Aujourd'hui, des compagnies internationales d'exploitation forestière ont tracé de grandes routes jusqu'au fin fond des forêts. Ces voies servent à d'énormes camions qui évacuent les troncs d'arbres abattus. Elles sont aussi des artères faciles pour le transport rapide de la viande de brousse vers les marchés des villes. Certaines entreprises européennes, au lieu de nourrir leurs salariés sur place, leur donnent simplement des fusils de gros calibre avec la permission de tirer sur tout ce qu'ils veulent. Ce qui a créé une situation terriblement paradoxale. Pendant des décennies, le cri de ralliement de « sauvons la forêt vierge » nous faisait penser que si les forêts pouvaient être préservées la vie sauvage le serait aussi. La création de routes par l'industrie forestière a eu pour résultat que des pans entiers de la forêt sont maintenant presque intacts, tout en ayant perdu tous leurs grands Mammifères. L'appétit pour la viande de grands singes entraîne leur extinction même dans des zones où la menace classique de la perte d'habitat n'existe pas encore. La demande de viande de brousse en tant qu'emblème de niveau social élevé chez les Africains est profondément ancrée dans les mœurs et s'avère difficile à changer. Elle a conduit au développement de filières parallèles pour la viande de brousse qui s'étendent jusqu'en Europe et en Amérique du Nord. Si vous connaissez les bonnes personnes, vous pouvez trouver de la viande fumée de gorille ou de chimpanzé vendue clandestinement à Bruxelles, Paris ou New York.

Avec l'ouverture des grandes forêts vierges d'Afrique centrale, d'autres signes de terribles dangers pesant sur les populations de grands singes apparaissent. Nombre de virus qui se sont avérés des menaces pour les populations humaines frappent aussi de plein fouet les grands singes. Celui d'Ebola aurait causé la mort de milliers de gorilles et de chimpanzés ces dernières années. Un rapport récent révèle que la maladie du charbon est présente dans certaines populations de chimpanzés et pourrait éradiquer des communautés entières de ces animaux.

Des océans pleins de sang

Les dauphins sont beaucoup moins visibles que les grands singes mais les menaces qui pèsent sur eux pas moins insidieuses. Il y a des cétacés sur lesquels nous ne savons encore pratiquement rien. Plusieurs espèces de baleines à bec ne sont connues que par quelques individus dont les corps se sont échoués sur les plages. Nous en savons plus sur les espèces de grande taille, les espèces très sociales et celles qui se trouvent à proximité des côtes. Presque toutes ces espèces, que ce soient les dauphins que nous connaissons et ceux que nous ne connaissons pas encore, sont en danger, menacées, ou avec un statut inconnu. Même s'il est de plus en plus difficile de cerner pourquoi certaines de ces espèces sont si vulnérables, une cause commune ressort d'une évidence brutale : l'activité humaine.

La chasse aux cétacés

La chasse commerciale est responsable du déclin et de la disparition d'un nombre colossal de Mammifères marins, notamment des grandes baleines. La baleine franche boréale, si facile à chasser en raison de sa faible vitesse, de sa grande taille et de sa tendance à rester près de la surface, est maintenant au bord de l'extinction avec moins de 300 individus encore vivants. Leur population a été tellement décimée que même si elles ne sont plus chassées, les seules collisions avec les bateaux pourraient suffire à les éradiquer pour toujours de la terre.

Les tentatives de gérer les stocks de baleines et de faire prendre conscience au public du caractère inhumain et non durable de cette chasse vont de la réglementation de la commission internationale sur la chasse à la baleine, qui remonte à 1946, aux nombreuses campagnes de protection de la nature, en passant par les coups audacieux des activistes de Greenpeace ou d'autres pour interférer avec elle. Pourtant, les flottes de baleinières japonaise, norvégienne et islandaise continuent encore leur trafic sanglant de par le monde. Les chiffres récents de la Wildlife Conservation Society montrent que chaque année 20 000 petites baleines et dauphins sont tuées par le seul Japon. Tuer volontairement de petits cétacés est chose courante dans les pays en voie de développement comme le Sri Lanka, le Pérou et les Philippines, pays où les dauphins sont massacrés et leur chair vendue sur les marchés locaux ou utilisée comme appât pour les crabes. Suivre la trace de cette boucherie est presque impossible, sans parler de trouver un moyen efficace de l'arrêter. Ceux qui la commettent affichent des raisons pour justifier leur activité, par exemple pour faire des études scientifiques ou pour protéger les traditions des aborigènes, mais le résultat est le même. Avec la chasse, les populations de Mammifères marins déclinent radicalement sur la planète.

La consommation des produits de la mer

Selon des chiffres récents, près de 80 % des sites de pêche dans le monde sont surexploités ou très entamés. Il s'agit de l'un des problèmes les plus graves auxquels sont confrontés les milieux marins aujourd'hui. Au cours des générations précédentes, on a porté peu d'attention à la destruction des écosystèmes marins. Nous pensions que les océans, si vastes, étaient à l'abri de l'influence humaine, que les stocks de pêche étaient au fond infinis. Nous savons maintenant que ce n'est pas le cas et que la pêche non réglementée a épuisé des populations de poissons à un degré tel que certaines ne s'en remettront jamais. Cela aura bien sûr un impact d'une amplitude inconnue sur l'ensemble des écosystèmes. De plus, des méthodes de pêche commerciale, notamment le chalutage de fond en haute mer, ont transformé des milliers de kilomètres carrés de fonds océaniques en zones de décombres stériles, incapables désormais d'héberger la vie.

Un exemple choquant de surpêche est l'effondrement des stocks de morue en Nouvelle-Écosse. Ce poisson était tellement abondant dans la région qu'il était considéré comme une ressource inépuisable, et elle a effectivement apporté à des générations de pêcheurs professionnels un moyen de subsistance stable et fiable. Depuis les années 1850, les populations de ce poisson prédateur ont plongé de 96 %, selon les chiffres historiques de la pêche. Le déclin de la morue ces dernières décennies a tellement changé l'écosystème marin de la région que, selon de nombreux scientifiques, l'espèce aura extrêmement de mal à s'en remettre, si elle y arrive un jour. La pêche à la morue est un cas où une exploitation non durable a causé des changements profonds et définitifs du milieu océanique et ceux-ci auront probablement des répercussions sur toute la chaîne alimentaire. De tels effets sont visibles sur l'environnement marin mais aussi sur les communautés humaines qui ont vécu de la pêche pendant des siècles.

Un exemple de la surexploitation et de ses effets sur les cétacés vient de l'île ionienne de Kalamos, où mon frère Giovanni Bearzi, également cétologue de terrain, et son équipe du Tethys Research Institute étudient activement les dauphins communs depuis 1996. À cette époque, les thons étaient si abondants que l'on pouvait facilement les confondre de loin avec les nombreux groupes de dauphins qui se nourrissaient d'anchois et de sardines près de la surface. Ces jours sont désormais révolus et les dauphins communs, thons et espadons, ainsi que les anchois et les sardines, sont devenues rares dans la région. En un laps de temps étonnamment court, la pêche non réglementée avec des filets encerclants a pratiquement éradiqué de la région les populations de poissons de surface, ce qui a profondément affecté les espèces plus grandes qui en dépendent. Les dauphins ont eu de plus en plus de mal à trouver des proies, ce qui les a forcés à se disperser sur de plus grandes surfaces et à devenir plus nomades. Ils se sont fragmentés en groupes plus petits et la probabilité de les rencontrer a chuté de 25 fois en l'espace de huit ans seulement. Autrefois considérés comme les cétacés les plus courants de la région, les dauphins communs de Méditerranée se sont retrouvés sur la liste croissante des espèces en danger.

Ce que nous savons est que la surpêche nous a placés, ainsi que les dauphins, dans une situation particulière où nous effectuons des prises de plus en plus petites dans la chaîne alimentaire. Les poissons pêchés sont de plus en plus jeunes et ne vivent pas assez longtemps pour arriver à l'âge de la reproduction qui permettrait de restaurer leur nombre. En outre, nous consommons maintenant des espèces qui étaient auparavant rejetées ou négligées. La question qui se pose alors est de savoir jusqu'où nous pouvons aller avant que tout cela ne s'effondre. Des océanologues et des biologistes marins reconnus comme Jeremy Jackson, Daniel Pauly, Elliott Norse et beaucoup d'autres estiment que les écosystèmes sont déjà rompus et que, dans nombre de régions, les dommages sont devenus irréparables.

Tuer sans même y penser

Les prises accessoires, celles faites incidemment d'espèces non ciblées par l'activité commerciale, ont été à l'origine de la destruction de millions de dauphins rien que ces dernières années. Alors que la surpêche menace l'ensemble des écosystèmes, les prises accessoires sont l'un des problèmes les plus sévères auxquels sont confrontés les dauphins dans le monde. Les filets dérivants, une pratique où de longs filets dérivent au fil des courants, retiennent tout sur leur passage. Cette méthode non discriminante tue un nombre incalculable de Mammifères marins chaque année. Par exemple, une récente étude de cas, menée par Sergi Tedula, a porté sur 369 opérations de pêche à l'espadon dans la mer d'Alboran. Sur une année, elles ont servi à capturer près de 3 000 espadons et tué en même temps plus de 235 dauphins. Une estimation de l'ensemble des filets dérivants en service sur la même période a extrapolé le nombre de dauphins tués : entre 3 110 et 4 184, rien que pour la mer d'Alboran, et entre 11 489 et 15 127 juste autour du détroit de Gibraltar.

Une autre illustration dramatique des prises accessoires est l'effet des filets et du chalutage sur le vaquita, un petit marsouin vivant dans le golfe de Californie, et l'un des cétacés les plus proches de l'extinction dans le monde aujourd'hui. Le déclin de cette espèce a pu être directement attribué aux pratiques de pêches non durables. Avec seulement 224 individus restant sur la planète, ce marsouin est maintenant sur la liste des espèces en danger aux États-Unis comme au Mexique.

La prise accessoire de dauphins est aussi bien établie dans l'est de l'océan Pacifique tropical, où le thon albacore les suit en quête de nourriture. Les pêcheurs connaissent cette association et encerclent les dauphins pour capturer les bancs de thon qui nagent juste sous eux ; les dauphins finissent alors souvent dans les filets encerclants. Cette technique, utilisée depuis les années 1950, est responsable de la chute catastrophique de certaines populations de dauphins.

La pollution

Pesticides, insecticides et produits toxiques partent chaque jour du cœur des terres jusqu'à la mer. Puis, portés par les courants, ils atteignent les mers les plus lointaines et les plus profonds canyons des océans. Pour un habitant des mers, aucun moyen d'y échapper. Les dauphins font partie des animaux les plus touchés par ces contaminations dues à l'homme. Les organismes les plus simples en absorbent de petites quantités, mais à chaque fois qu'ils sont consommés par un plus gros organisme ces polluants se concentrent par un processus appelé « bioamplification ». Les taux les plus élevés de ces produits se retrouvent donc dans les grands prédateurs à longue durée de vie, tels les dauphins, qui se nourrissent au sommet de la chaîne alimentaire. Les mères transfèrent directement ces contaminants à leurs petits par le lait, début d'une série aux redoutables conséquences. Bien que les effets de ces substances soient difficiles à quantifier, les preuves s'accumulent d'une accumulation chez les petits de concentrations élevées en PCB, DDT et autres polluants qui peuvent causer, chez l'adulte, des troubles de la reproduction ou même la mort.

Les débris marins posent encore un autre problème. Environ 100 000 Mammifères marins meurent chaque année étouffés ou noyés en se prenant dans des déchets de plastique. En tant que biologiste marin qui passe ses journées en mer, je me sens parfois comme un cantonnier dans une grande ville, notamment après de fortes pluies. Nous rencontrons des déchets non biodégradables de toute sorte, parfois sous la forme d'un flot sans fin qui peut durer des jours. On trouve ces débris partout dans les océans. Près de 20 000 morceaux de plastique flottent près de la surface par kilomètre carré d'océan. Ces matériaux tendent à s'accumuler et à constituer des fronts entre différentes masses d'eau, là où dauphins et oiseaux de mer se rassemblent pour se nourrir. Cela peut leur coûter la vie. Les solutions pour remédier à notre dépendance aux plastiques sont peut-être à trop long terme pour pouvoir aider les dauphins.

Les gaz à effet de serre posent d'autres types de problèmes aux dauphins. Les changements climatiques peuvent se produire avec ou sans l'homme, mais ces dernières années nous avons radicalement accéléré la production de ces gaz et réchauffé la planète à des niveaux dangereux. Les effets de ce réchauffement sont déjà mesurables. La réduction des glaces aux pôles et l'augmentation de la température des océans peuvent interférer avec l'habitat des cétacés vivant dans de nombreuses parties du globe, car les courants partant de la côte ouest des États-Unis et dans la mer de Barents en Arctique russe ont affecté les populations de poisson. Certaines espèces de poisson se sont développées tandis que d'autres ont dramatiquement régressé. Cela a des répercussions négatives aussi bien sur le régime des cétacés que sur tout le réseau alimentaire marin.

Comme si gaz à effet de serre, polluants chimiques et déchets ne suffisaient pas, nous pouvons aussi nous targuer d'être responsables du bruit accru dans les océans. Dauphins et baleines vivent dans un monde acoustique et leur bien-être repose sur leurs communications sonores. Les bruits élevés des expériences de sonar de la Marine, de l'exploration pétrolière, des explosions souterraines et du trafic maritime peuvent nuire à ces animaux d'une manière souvent difficile à quantifier.

Un harcèlement involontaire

J'ai récemment emmené un groupe d'étudiants pour aller observer un grand ensemble de dauphins longirostres au large d'Oahu à Hawaii. Nous ne sommes pas longtemps restés seuls avant que ne surgissent sur le site trois gigantesques canoës jaunes remplis de touristes désireux de voir les animaux. L'un après l'autre, ces personnes plongeaient dans l'eau pour nager avec les dauphins. En quelques minutes, la rade tranquille s'était transformée en une masse remuante et multicolore d'humains qui harcelaient les dauphins, nageant de tous côtés pour les inspecter et toucher leur peau lisse. C'est ainsi que s'est achevé le tranquille après-midi pour les dauphins longirostres. Ils étaient frappés par des palmes et forcés de se regrouper, allant d'un endroit à l'autre pour tenter d'éviter le déferlement humain.

Nager avec les dauphins rapporte gros, des millions de dollars dépensés chaque année dans le monde. Du point de vue humain, cela peut sembler une expérience incroyable, peut-être aux frontières du spirituel si l'on est dans un certain état d'esprit. Mais voyons un peu à quoi cela peut ressembler du point de vue du dauphin.

Les dauphins sont des animaux sauvages et doivent satisfaire certains besoins pour survivre et se sentir bien. Le repos joue un rôle important dans leur vie quotidienne et ils étaient précisément en train de faire une pause lorsque les gentils touristes ont déboulé. Pour les dauphins, c'était une perturbation, visible au fait qu'ils ont cherché à gagner des parties moins fréquentées de la baie. Si ces intrusions continuent, ce qui est à parier, les animaux devront trouver un autre endroit pour se reposer. Les conséquences sont difficiles à évaluer mais un tel harcèlement a peu de chances de leur être bénéfique. Les dauphins Oahu vivent dans les eaux territoriales américaines où s'applique le Marine Mammal Protection Act qui les protège en théorie contre ce type d'exploitation. Pourquoi cela se produit-il quand même ?

Est-ce que les dauphins veulent vraiment nager avec nous ? Leur éternel sourire peut sembler amical mais leur comportement nous indique souvent que le meilleur moyen de respecter ces animaux est peut-être de les observer à distance.

Filippo est mort. Le 6 août 2004, son corps a été retrouvé à 1 mille nautique du vieux port de Manfredonia, dans le sud de l'Italie. Nicola Zizzo, chargé de l'autopsie, a constaté que le dauphin était décédé des suites d'un traumatisme qui lui a fracturé plusieurs côtes, qui ont elles-mêmes percé et endommagé des organes internes, ce qui a entraîné un arrêt cardiaque. Le spécialiste a aussi extrait de la région dorsale de l'animal plusieurs balles de petit calibre qui dataient de quelques années.

Dans la journée où ce dauphin sociable a été retrouvé, son corps a été complètement disséqué, réparti dans des récipients stériles et envoyé au laboratoire pour d'autres analyses. Puis ses restes seront jetés. La ville de Foggia a lancé une enquête pour connaître l'origine du décès de cet animal devenu célèbre, et découvert que le coupable était probablement l'homme, le dauphin ayant très probablement été victime d'une explosion provoquée par un pêcheur.

L'histoire et la vie de Filippo, le dauphin de Manfredonia peut-être trop humain qui avait l'habitude de jouer et de suivre les bateaux de pêche allant vers la mer, s'arrête ici. Au milieu de ceux qui l'aimaient et le respectaient, de ceux qui le harcelaient et de ceux qui n'en ont pas fait assez pour le garder en vie.

L'histoire de Filippo n'en est qu'une parmi tant d'autres de dauphins orphelins qui, pour une raison ou une autre, ont choisi de vivre près des hommes. Leur proximité envers notre espèce en a rendu célèbres quelques-uns. Il y a eu Jean-Louis, qui a vécu au cap Finistère, en Bretagne ; Beaky, un vieux mâle qui se trouvait près de l'île de Man à l'ouest de l'Angleterre ; et Simo, un jeune qui s'est manifesté au Pays de Galles, au large de Pembrokeshire. Il a eu Percy, Dolphy, Fanny, Dolly, Marine, Filippo et beaucoup d'autres. Chacun de ces dauphins a eu sa propre histoire, sa personnalité unique et sa façon de communiquer avec nous. Mais ce que ces animaux ont en commun c'est qu'ils ont été victimes de notre présence croissante et de notre désir incessant de rentrer en contact avec eux. Il est triste de voir que nous ne semblons pas avoir encore compris que tous ces animaux ont besoin de leur espace propre, à la fois physique et émotionnel, de même que nous avons besoin du nôtre.

Les meilleurs sur scène

Actuellement, il y a des centaines de dauphins comme Flipper en captivité dans le monde, dont beaucoup meurent avant terme dans leur parc.

La question éthique de savoir s'il faut garder des dauphins en captivité est épineuse. Il y a plusieurs arguments pour et plusieurs arguments contre. En captivité, les dauphins peuvent être vus de près par les foules. Cela peut éduquer le grand public et augmenter sa sensibilité à leur sort, offrir une excellente base pour mener des recherches et obtenir des informations utiles pour la protection de ces animaux. Certains pensent que les oceanariums de qualité leur permettent de mener une meilleure vie que celle qu'ils pourraient avoir dans l'océan.

Ceux qui sont opposés à la captivité estiment que soutirer des dauphins à leur environnement revient à faire plus de prélèvements sur les stocks naturels, et ils soulignent que les animaux captifs ne survivent pas aussi bien que dans la nature. Ils pensent que les bassins chlorés ne représentent rien de moins que des prisons pour les animaux, les étouffant tant au niveau physique qu'acoustique. Les opposants à la captivité soulèvent aussi une question morale en disant que les dauphins ont des droits équivalents ou proches des nôtres : les garder en captivité est un abus de ces droits, quelle que soit la manière dont ils peuvent être traités.

Les dauphins nous sont proches de tellement de manières. Ils ont des sociétés complexes, forment des relations durables, ressentent la douleur, sont intelligents et peuvent résoudre des problèmes. Et ils vivent librement dans un environnement où ils peuvent couvrir de grandes distances et communiquer entre eux. Ne devons-nous pas accorder à ces Mammifères au gros cerveau et sensibles les mêmes droits fondamentaux de liberté que nous accordons aux hommes ?

Sachant ce que je sais en tant que scientifique, je ne peux m'empêcher de comparer ce que j'étudie dans la nature avec ce que je vois du monde restreint des dauphins dressés. Quand je pense à la manière dont un dauphin peut percevoir son entourage en captivité, je me rappelle ce que Mara a vu lorsqu'elle s'est approchée du hublot de son bassin pour me regarder. Comprenait-elle que j'étais libre et qu'elle ne l'était pas ? Je me rappelle les bancs de grands dauphins acrobatiques que j'ai vus en mer il y a quelques jours, libres de leurs mouvements dans un monde fluide où toutes les dimensions sont possibles.

Beaucoup de protecteurs de la nature pensent que dans un siècle les grands singes ne vivront plus que dans quelques sanctuaires naturels et en captivité. Si c'est le cas, nous devons réfléchir à l'avance à la manière de gérer et de s'occuper de ces populations en captivité. Les besoins des grands singes en captivité ne sont pas très différents de ceux des enfants : ils faut les élever, les enrichir psychologiquement et émotionnellement, et leur permettre une saine socialisation. Ce type de population devra aussi être soigneusement entretenue génétiquement, comme le sont déjà la plupart des autres espèces. Les zoos échangent gorilles et orangs-outans selon des consignes établies par des commissions chargées des stud-books pour éviter la consanguinité et favoriser la santé génétique des espèces.

Mais pouvons-nous réellement garder indéfiniment en captivité des grands singes ? Beaucoup diront que non, précisément en raison des besoins profonds de ces animaux. Le zoo moyen n'a pas l'espace ni les fonds pour garder correctement plus d'une espèce de grand singe. Avec l'arrivée dans les zoos de critères éthiques concernant les soins à apporter aux animaux, la question s'est posée de savoir si les chimpanzés et leurs cousins pourront un jour se faire à des espaces clos. Avec ce que nous savons aujourd'hui sur ces intelligences proches de la nôtre, il devient clair que nous ne faisons jamais à un enfant ou à un adulte handicapé mental profond ce que nous faisons en routine à des grands singes mentalement comparables. Peut-être que le meilleur argument pour le maintien des grands singes en captivité est celui par défaut : ceux qui sont nés dans les zoos et les laboratoires ne pourront jamais retourner dans la nature et composent donc le noyau destiné à former la future population captive de l'espèce.

Existe-t-il des solutions ?

Devant des perspectives aussi sombres, nous devons nous attendre à ce que dans les siècles à venir des espèces d'animaux sauvages s'éteindront, du moins dans la nature, et que beaucoup d'autres vivront sous une stricte gestion dans des aires protégées. De même que les Américains ont converti les Grandes Plaines en terres agricoles après un siècle d'expansion et de croissance démographique, de même le continent africain sera utilisé pour l'agriculture et les villes dans un processus qui vouera les forêts vierges et leurs habitants à disparaître presque complètement. Le but, pour ceux qui veulent protéger la nature, est de préserver des populations viables, autonomes, d'animaux dans des aires de leur habitat aussi vastes que possible. Dans certains cas, on peut essayer de maintenir des zones plus petites et les relier par des passages, ou corridors, protégés.

Mais comment procéder à une telle préservation ? L'expérience a montré qu'un facteur clé pour cela est de convaincre les populations locales qu'elles sont aussi concernées par l'avenir du lieu ou de ses animaux. En Ouganda, les populations vivant autour des parcs nationaux, où la vie des derniers gorilles des montagnes tient par un fil, ont bien compris la nécessité de les protéger. Non par orgueil national ou admiration pour ces animaux, ce qui est relativement secondaire quand votre enfant est malade ou a faim. Le facteur déterminant a été les incitations économiques qui permettent d'améliorer la vie des personnes. Les Ougandais vivant autour du parc national de Bwindi reçoivent ainsi un petit pourcentage du revenu fourni par l'écotourisme des gorilles, sous la forme de sommes utilisées pour construire ou améliorer une clinique de soins ou pour payer des médecins. Le dollar ou deux gagné en vendant quelques sodas à des touristes de passage peut être un revenu suffisant pour qu'une famille y pense à deux fois avant d'abattre illégalement des arbres dans la forêt qui l'aide à survivre.

Ce type d'équilibre financier entre écotourisme et protection de la nature existe sous une forme fragile dans divers pays en voie de développement. Il est d'autant plus fragile que le gouvernement de ces pays est en général instable. Au premier signe d'un coup d'État ou de guerre civile, ce qui est fréquent en Afrique, le tourisme s'arrête et les raisons pour les populations locales de protéger les animaux s'évanouissent. Le tourisme présente aussi des inconvénients pour les singes eux-mêmes. Comme les gorilles et les chimpanzés attrapent presque toutes les maladies humaines, les mêmes touristes dont les dollars peuvent servir à sauver des animaux peuvent aussi, juste en éternuant, envoyer des germes assez près d'un gorille pour le tuer. Les grands singes observés d'une manière rapprochée par les gens peuvent être victimes de problèmes respiratoires, de la polio, de la tuberculose et de rhumes. Bien que nous ne puissions que rarement démontrer un mode direct de transmission de l'homme au singe, il est probable que certaines de ces épidémies ont été causées par l'homme.

Pour les grands singes, les solutions sont compliquées. Arrêter le commerce de la viande de brousse signifie persuader les gouvernements africains d'interdire la vente de viande de singe sur les marchés et d'arrêter les personnes qui en transportent ou la vendent. Mais c'est une chose d'afficher une politique, c'en est une autre de la mettre en œuvre. Mettre un terme au commerce de la viande de brousse veut dire changer les valeurs culturelles des Africains. C'est comme faire en sorte que les Américains ne s'attendent plus à avoir de la dinde pour la fête du Thanksgiving : ce n'est pas une tâche facile. Pourtant, beaucoup de protecteurs de la nature s'attaquent à ce problème et tentent de trouver d'autres sources de viande que les gens pourraient adopter.

Il faut espérer que les pays où vivent les grands singes se soucieront assez de leur patrimoine naturel pour le préserver et le transmettre à leurs descendants. Au bout du compte, les sauver ou pas est l'affaire des Africains, pas de l'Occident. Un espoir majeur est qu'une meilleure éducation poussera des universitaires africains à travailler sur ces problèmes ardus. Ils peuvent bien mieux que nous entrer en contact avec les populations et les gouvernements locaux. Certains pays accusent un gros retard mais d'autres ont déjà produit une génération de scientifiques de talent qui travaillent dur pour résoudre le problème de la crise d'extinction des grands singes. Faire que la protection de la nature passe dans la culture locale plutôt que d'être une nouvelle forme de colonialisme imposé par l'Occident ne sera possible qu'avec le concours de cette expertise locale.

La situation des cétacés est bien pire que celle des grands singes. Ils ne vivent pas, à de rares exceptions près, dans les limites territoriales d'un pays donné. Nous ne pouvons pas sauver les dauphins et les baleines en protégeant simplement une zone de l'océan. Contrairement aux parcs et sanctuaires terrestres, les sites marins ne sont pas comme des îles protégées. Cela signifie qu'il faut négocier des traités internationaux à chaque fois qu'une question de protection de la nature se pose. Les océans sont de vastes étendues où tellement de choses peuvent se produire hors de la vue, de la pollution à la pêche illégale, que la mise en place de politiques de protection s'avère extrêmement difficile.

Des solutions existent néanmoins. Pour éviter les prises accessoires, par exemple, les filets peuvent être modifiés pour permettre à des espèces non convoitées d'y échapper ou être équipés d'émetteurs acoustiques, les « pingers », capables de repousser les dauphins. Il y a aussi plus de 9 millions de touristes qui vont chaque année observer les baleines, ce qui en fait une activité aussi lucrative que de les pêcher. Est-ce que la première ne pourrait pas remplacer la seconde ? Cela peut demander des incitations significatives et une nouvelle éducation, mais il y a peut-être là une autre opportunité de trouver une partie de la solution qui vaut la peine d'être explorée. Là où il y a possibilité d'avoir ou de rediriger un gain économique se trouve aussi l'occasion de changer de vieilles traditions qui pouvaient entraver la protection de la nature. L'argent étant le plus important aujourd'hui, il nous faut discerner les situations où de bonnes idées peuvent apporter de nouvelles opportunités.

Nous devons continuer à chercher des solutions même si nous échouons à court terme. Pour protéger les dauphins, nous devons d'abord apprendre à préserver et à gérer les écosystèmes dans lesquels ils vivent, ces écosystèmes qui sont dans nombre de cas sur le point de disparaître par notre faute. Il n'y a aucun espoir de sauver les dauphins si nous ne protégeons pas leur habitat. Si nous mangeons leur nourriture, nous devons faire en sorte que cela n'épuise pas irrémédiablement les ressources disponibles. Nous devons apprendre comment co-exister intelligemment avec les autres espèces sur cette planète. Mais ce n'est pas tout.

Si nous nous contentons de gérer à court terme chaque point de la chaîne alimentaire, il y a des chances que nous passions à côté de ce que nous essayons de gérer. Voyons par exemple les baleines bleues. Elles sont en danger d'extinction dans de nombreuses régions du monde et pour tenter de les protéger nous mettons en place une législation et des contrôles. Mais en ne considérant pas l'évolution historique des populations de baleines bleues, nos efforts de protection fondés sur une évaluation de la population considérée comme « normale » qui ne prend pas en compte son déclin historique, et nous renseigne peu sur ce qui a causé le problème en premier lieu.

Restaurer l'état naturel des océans tel qu'il a pu être par le passé est très probablement impossible en raison de l'ampleur des problèmes que cela poserait désormais. Il est malheureux que les effondrements d'écosystèmes qui se produisent en de multiples endroits sur la Terre soient très probablement irréversibles. Les scientifiques et les juristes doivent s'assurer que les dégâts sont correctement évalués et que les bonnes mesures sont prises pour en éviter d'autres. Et nous devons tous tirer les leçons de nos erreurs.

Parmi les efforts qui doivent être faits pour que les choses bougent, il y a : renforcer et faire respecter localement les règlements de pêche ; sensibiliser le public par l'éducation à la pêche durable et à la pollution des océans ; augmenter les efforts de recherche ; modifier les équipements de pêche ; enfin développer des zones marines protégées ainsi que des périodes de restriction pour la pêche.

Dans tous nos efforts pour protéger la nature, nous devons faire très attention aux solutions que nous mettons en œuvre. Il faut nous assurer qu'elles ne compliqueront pas encore plus nos problèmes. Le principe de précaution énonce que « si les conséquences potentielles d'une action peuvent être sévères ou irréversibles, en l'absence de certitude scientifique le poids de la preuve repose sur ceux qui veulent engager une action ». Ou pour le dire autrement : d'abord ne pas nuire. S'il nous faut changer les tendances actuelles et commencer à réparer certains dégâts sur l'environnement, occasionnés par notre espèce, nous devons adopter une approche prudente qui incorpore ce principe.

En tant que scientifiques ayant étudié de nombreuses années les dauphins et les grands singes sur le terrain, nous croyons que notre recherche doit être imprégnée de respect et d'un sens de responsabilité envers ces animaux. Si nous ne restons pas vigilants pour protéger ces espèces et leurs écosystèmes, ils ne survivront pas à ce siècle.

Bibliographie

1. Une éternelle fascination

Anthony Alpers, *Dolphins: the Myth and the Mammal* (Boston: Houghton Mifin, 1960).

Eleanore Devine et Martha Clark, eds., *The Dolphin Smile* (New York: Macmillan, 1967).

Dian Fossey, *Gorillas in the Mist* (Boston: Houghton Mifin, 1983).

Jane Goodall, *The Chimpanzees of Gombe: Patterns of Behavior* (Cambridge, MA: Harvard University Press, 1986).

John Lilly, *Man and Dolphin* (New York: Pyramid Books, 1961).

Charles A. Lockwood, William H. Kimbel, et John M. Lynch, "Morphometrics and Hominoid Phylogeny: Support for a Chimpanzee-Human Clade and Differentiation among Great Ape Subspecies," *Proceedings of the National Academy of Sciences* 101(2004): 4356–4360.

Ashley Montagu, "The History of the Dolphin" in Tony Frohoff and Brenda Peterson, eds., *Between Species: Celebrating the Dolphin-Human Bond* (San Francisco: Sierra Club Books, 2003), pp. 27–40.

Everhard J. Slijper, *Whales* (New York: Basic Books, 1962).

2. Deux histoires à distance

Michael A. Bigg, Graeme M. Ellis, John K. B. Ford, et Kenneth C. Balcomb, *Killer Whales: A Study of Their Identication, Genealogy, and Natural History in British Columbia and Washington State* (Nanaimo: Phantom Press, 1987).

David K. Caldwell, "Notes on the Spotted Dolphin, *Stenella plagidon*, and the First Record of the Common Dolphin, *Delphinus delphis*, in the Gulf of Mexico," *Journal of Mammalogy* 36(1955): 467–470.

David K. Caldwell et Melba C. Caldwell, "Epimeletic (Care-giving) Behavior in Cetacea" in Kenneth Norris, ed., *Whales, Dolphins and Porpoises* (Berkeley: University of California Press, 1966), pp. 755–789.

Richard C. Connor, Rachel A. Smolker, et Andrew F. Richards, "Dolphin Alliances and Coalitions" in Alexander H. Harcourt and Frans B. M. de Waal, eds., *Coalitions and Alliances in Humans and Other Animals* (Oxford: Oxford University Press, 1992), pp. 415–443.

Takeshi Furuichi, "Sexual Swelling, Receptivity, and Grouping of Wild Pygmy Chimpanzee Females at Wamba, Zaïre," *Primates* 28(1987): 309–318.

Takayoshi Kano, *The Last Ape* (Stanford: Stanford University Press, 1992).

Cheryl D. Knott, "Changes in Orangutan Caloric Intake, Energy Balance, and Ketones in Response to Fluctuating Fruit Availability," *International Journal of Primatology* 19(1998): 1029–1043.

Janet Mann, Richard C. Connor, Peter L. Tyack, et Hal Whitehead, eds., *Cetacean Society: Field Studies of Dolphins and Whales* (Chicago: University of Chicago Press, 2000).

Arthur F. McBride et Donald O. Hebb, "Behavior of the Captive Bottlenose Dolphin *Tursiops truncatus*," *Journal of Comparative Psychology* 41(1948): 111–123.

Kenneth S. Norris, John H. Prescott, Paul V. Asa-Dorian, et Paul Perkins, "An Experimental Demonstration of Echolocation Behavior in the Porpoise, *Tursiops truncatus*, Montagu," *Biological Bulletin* 120(1961): 163–176.

Kenneth S. Norris, Bernd Würsig, Randall S. Wells, et Melany Würsig, *The Hawaiian Spinner Dolphin* (Berkeley: University of California Press, 1991).

Carel P. Van Schaik, *Among Orangutans* (Cambridge, MA: Harvard University Press, 2004).

Randall S. Wells, "Structural Aspects of Dolphin Societies" (Ph.D. diss., University of California, Santa Cruz, 1986), p. 234.

3. Plonger avec les dauphins, se balancer avec les singes

Robin W. Baird, "The Killer Whale: Foraging Specializations and Group Hunting" in Mann, Connor, Tyack, and Whitehead, eds., *Cetacean Society*, pp. 127–153.

Maddalena Bearzi, "California Sea Lions Use Dolphins to Locate Food," *Journal of Mammalogy* 87(2006): 606–617.

Christophe Boesch et Hedwige Boesch, "Hunting Behavior of Wild Chimpanzees in the Taï National Park," *American Journal of Physical Anthropology* 78(1989): 547–573.

Richard C. Connor, Randall S. Wells, Janet Mann, et Andrew Read, "The Bottlenose Dolphin: Social Relationships in a Fission-Fusion Society" in Mann, Connor, Tyack, and Whitehead, eds., *Cetacean Society*, pp. 91–126.

Stephen Leatherwood et Randall R. Reeves, eds., *The Bottlenose Dolphin* (San Diego: Academic Press, 1990).

John C. Mitani, David Watts, et Jerry Lwanga, "Ecological and Social Correlates of Chimpanzee Party Size and Composition" in Christophe Boesch, Gottfried Hohmann, Linda F. Marchant, eds., *Behavioral Diversity in Chimpanzees and Bonobos* (Cambridge: Cambridge University Press, 2002), pp. 248– 258.

Jill D. Pruetz, "Use of Caves by Savanna Chimpanzees in Senegal," *Pan Africa News* (2002).

Jill D. Pruetz et Paco Bertolani, "Savanna Chimpanzees, Pan troglodytes verus, Hunt with Tools," *Current Biology* 17(2007): 1–6.

John E. Reynolds III et Sentinel A. Rommel, eds., *Biology of Marine Mammals* (Washington, DC: Smithsonian Institution Press, 1999).

John E. Reynolds III, Randall S. Wells, et Samantha D. Eide, eds., *The Bottlenose Dolphin: Biology and Conservation* (Gainesville: University Press of Florida, 2000).

Jordi Sabater Pi, Magdalena Bermejo, Germain Ilera, et Joaquim J. Vea, "Behavior of Bonobos (Pan paniscus) Following Their Capture of Monkeys in Zaïre," *International Journal of Primatology* 14(1993): 797–804.

Craig B. Stanford, "The Hunting Ecology of Wild Chimpanzees: Implications for the Behavioral Ecology of Pliocene Hominids," *American Anthropologist* 98(1996): 96–113.

– "The Social Behavior of Chimpanzees and Bonobos: Empirical Evidence and Shifting Assumptions," *Current Anthropology* 39(1998): 399–420.

– *Chimpanzee and Red Colobus: The Ecology of Predator and Prey* (Cambridge, MA: Harvard University Press, 1998).

4. Sociétés de dauphins et de grands singes

Robin W. Baird, "The Killer Whale: Foraging Specializations and Group Hunting" in Mann, Connor, Tyack, and Whitehead, eds., *Cetacean Society*, pp. 127–153.

Richard C. Connor et Michael Kruetzen, "Levels and Patterns in Dolphin Alliance Formation" in Frans B. M. de Waal and Peter L. Tyack, eds., *Animal Social Complexity: Intelligence, Culture, and Individualized Societies* (Cambridge, MA: Harvard University Press, 2003), pp. 115–120.

Richard C. Connor, Randall S. Wells, Janet Mann, et Andrew Read, "The Bottlenose Dolphin: Social Relationships in a Fission-Fusion Society" in Mann, Connor, Tyack, and Whitehead, eds., *Cetacean Society*, pp. 91–126.

Frans B. M. de Waal, "Tension Regulation and Non- reproductive Functions of Sex in Captive Bonobos (*Pan paniscus*)," *National Geographic Research Reports* 3(1987): 318–335.

Frans B. M. de Waal et Frans Lanting, *Bonobo: The Forgotten Ape* (Berkeley: University of California Press, 1997).

Michael Kruetzen, William B. Sherwin, Richard C. Connor, Lynne M. Barre, Tom Van de Casteele, Janet Mann, and Robert Brooks, "Contrasting Relatedness Patterns in Bottlenose Dolphins (*Tursiops sp.*) with Different Alliance Strategies," *Proceedings of the Royal Society of London B 270*(2003): 497–502.

William C. McGrew, Linda F. Marchant, et Toshisada Nishida, *Great Ape Societies* (Cambridge: Cambridge University Press, 1996). Karen Pryor and Kenneth S. Norris, eds., Dolphin Societies: Discoveries and Puzzles (Berkeley: University of California Press, 1991).

Craig B. Stanford, *Signicant Others* (New York: Basic Books, 2001).

Richard W. Wrangham, Colin A. Chapman, Adam P. Clark-Arcadi, et Gilbert Isabirye-Basuta, "Social Ecology of Kanyawara Chimpanzees: Implications for Understanding the Costs of Great Ape Groups" in William C. McGrew, Linda F. Marchant, and Toshisada Nishida, eds., *Great Ape Societies* (Cambridge: Cambridge University Press, 1996), pp. 45–57.

5. Des esprits en quête de connaissance dans les mers et les forêts

David E. Bain, "Acoustic Behavior of Orcinus: Periodicity, Sequences, Correlations with Behavior, and an Automated Technique for Call Classication" in Barbara C. Kirkevold and Joan S. Lockard, eds., *Behavioral Biology of Killer Whales* (New York: Liss, 1986), pp. 335–371.

Benjamin B. Beck, *Animal Tool Behavior: The Use and Manufacture of Tools by Animals* (Washington, DC: Taylor and Francis, 1980).

Richard W. Byrne, *The Thinking Ape* (Oxford: Oxford University Press, 1995). Richard Byrne and Anne Russon, "Learning by Imitation: A Hierarchical Approach," *Behavioral and Brain Sciences* 21(1998): 667–721. Richard W. Byrne and Andrew Whiten, eds., *Machiavellian Intelligence* (Oxford: Clarendon Press, 1988).

Wendi Fellner, Gordon B. Bauer et Heidi E. Harley, "Cognitive Implications of Synchrony in Dolphins," *Aquatic Mammals* 32(2006): 511–516.

John K. B. Ford, "Vocal Traditions among Resident Killer Whales (Orcinus orca) in Coastal Waters of British Columbia," *Canadian Journal of Zoology* 69(1991): 1454–1483.

Roger Fouts et Steven T. Mills, *Next of Kin* (New York: William Morrow, 1997).

Marc D. Hauser, Cory T. Miller, Kathy Liu, et Renu Gupta, "Cotton-top Tamarins (Saguinus oedipus) Fail to Show Mirror-Guided Self-Exploration," *American Journal of Primatology* 53(2001): 131–137.

Luis M. Herman, ed., *Cetacean Behavior: Mechanisms and Functions* (New York: John Wiley and Sons, 1980).

Luis M. Herman, Douglas G. Richards, et James P. Wolz, "Comprehension of Sentences by Bottlenosed Dolphins," *Cognition* 16(1984): 129–219.

Vincent M. Janik, "Whistle Matching in Wild Bottlenose Dolphins (*Tursiops truncatus*)," *Science* 289(2000): 1355–1357.

Michael Kruetzen, Janet Mann, Michael R. Heithaus, Richard C. Connor, Lars Bejder, et William B. Sherwin, "Cultural Transmission of Tool Use in Bottlenose Dolphins," *Proceedings of the National Academy of Sciences* 105(2005): 8939–8943.

Stan A. Kuczaj II, Robin D. Paulos et Joana A. Ramos, "Imitation in Apes, Children and Dolphins: Implications for the Ontogeny and Phylogeny of Symbolic Representation" in Laura Namy, ed., *Symbol Use and Symbolic Development* (Cambridge, MA: MIT Press, 2005), pp. 221–243.

John Lilly, *Man and Dolphin* (New York: Pyramid Books, 1961).

Diana Reiss et Lori Marino, "Mirror Self-Recognition in the Bottlenose Dolphin: A Case of Cognitive Convergence," *Proceedings of the National Academy of Sciences* 98(2001): 5937–5942.

Diana Reiss, Brenda McCowan, et Lori Marino, "Communicative and Other Cognitive Characteristics of Bottlenose Dolphins," *Trends in Cognitive Sciences* 1(1997): 123–156.

Luke Rendell et Hal Whitehead, "Culture in Whales and Dolphins," *Behavioural and Brain Science* 24(2001): 309–382.

John E. Reynolds III et Sentinel A. Rommel, eds., *Biology of Marine Mammals* (Washington, DC: Smithsonian Institution Press, 1999).

Sue Savage-Rumbaugh et Roger Lewin, *Kanzi: The Ape at the Brink of the Human Mind* (New York: John Wiley & Sons, 1994).

Rachel Smolker, Andrew Richards, Richard Connor, Janet Mann, et Per Berggren, "Sponge Carrying by Dolphins (*Delphindea, Tursiops sp.*): A Foraging Specialization Involving Tool Use?" *Ethology* 103(1997): 454–465.

C. K. Taylor et Graham S. Saayman, "Imitative Behaviour of Indian Ocean Bottlenose Dolphins (Tursiops aduncus) in Captivity," *Behaviour* 44(1973): 286–297.

Michael Tomasello, "Do Apes Ape?" in Cecilia Heyes and Bennett Galef Jr., eds, *Social Learning in Animals: The Roots of Culture* (New York: Academic Press, 1996), pp. 319–346.

Michael Tomasello et Josep Call, *Primate Cognition* (Oxford: Oxford University Press, 1997).

Peter L. Tyack, "Dolphins Whistle a Signature Tune," *Science* 289(2000): 1310–1311.

Elisabetta Visalberghi et Luca Limongelli, "Lack of Comprehension of Cause-Effect Relationships in Tool-Using Capuchin Monkeys (Cebus apella)," *Journal of Comparative Psychology* 108 (1994): 15–22.

Andrew Whiten et Richard W. Byrne, *Machiavellian Intelligence II: Extensions and Evaluations* (Cambridge: Cambridge University Press, 1997).

6. Des maîtres en politique

Richard W. Byrne et Andrew Whiten, "Towards the Next Generation in Data Quality: A New Survey of Primate Tactical Deception," Behavioral and Brain Sciences 11(1988): 267–273.

– "Cognitive Evolution in Primates: The 1990 Database," *Primate Report* 27(1992): 1–101.

Richard C. Connor, Randall S. Wells, Janet Mann, et Andrew Read, "The Bottlenose Dolphin: Social Relationships in a Fission-Fusion Society" in Mann, Connor, Tyack, and Whitehead, eds., *Cetacean Society*, pp. 91–126.

Jacques-Yves Cousteau et Philippe Diole, *Dolphins* (New York: Arrowood Press, 1987), pp. 304.

Frans B. M. de Waal, "The Chimpanzee's Service Economy: Food for Grooming," *Evolution and Human Behavior* 18(1997): 375–386.

Marc D. Hauser, "Minding the Behaviour of Deception" in Andrew Whiten and Richard W. Byrne, eds., *Machiavellian Intelligence II: Extensions and Evaluations* (Cambridge: Cambridge University Press, 1997), pp. 112–143.

Stan Kuczaj, Karissa Tranel, Marie Trone, et Heather Hill, "Are Animals Capable of Deception or Empathy? Implications for Animal Consciousness and Animal Welfare," *Animal Welfare* 10(2001): 161–173.

David Lusseau, "The Emergent Properties of a Dolphin Social Network," *Proceedings of the Royal Society of London B* (270, 2003): 186–188.

David Lynch et Paul L. Kordis, *Strategy of the Dolphin: Scoring a Win in a Chaotic World* (New York: Fawcett Columbine, 1988), pp. 287.

Janet C. Mann, Richard C. Connor, Lynne M. Barre, et Mike Heithaus, "Female Reproductive Success in Bottlenose Dolphins (*Tursiops sp.*): Life History, Habitat, Provisioning, and Group-Size Effects," *Behavioral Ecology* 11(2000): 210–219.

Pliny, the Elder, *Natural History*, vol. III, book 9, Loeb Classical Library (Cambridge, MA: Harvard University Press), pp. 177–187.

Craig B. Stanford, Janette Wallis, Eslom Mpongo, et Jane Goodall, "Hunting Decisions in Wild Chimpanzees," *Behaviour* 131(1994): 1–20.

Andrew Whiten et Richard W. Byrne, *Machiavellian Intelligence II: Extensions and Evaluations* (Cambridge: Cambridge University Press, 1997). Richard W. Wrangham, "Evolution of Coalitionary Killing," *Yearbook of Physical Anthropology* 42(1999): 1– 30.

Richard W. Wrangham et Dale Peterson, *Demonic Males* (Boston: Houghton-Mifin, 1996).

7. Amateurs de culture

Ian Anderson, "Dolphins Pay High Price for Handouts," *New Scientist* 1947(1994): 5.

David E. Bain, "Acoustic Behavior of Orcinus: Periodicity, Sequences, Correlations with Behavior, and an Automated Technique for Call Classication," in Barbara C. Kirkevold and Joan S. Lockard, eds., *Behavioral Biology of Killer Whales* (New York: Liss, 1986), pp. 335–371.

John K. B. Ford, "Vocal Traditions among Resident Killer Whales (*Orcinus orca*) in Coastal Waters of British Columbia," *Canadian Journal of Zoology* 69(1991): 1454–1483.

Christophe Guinet et Jerome Bouvier, "Development of Intentional Stranding Hunting Techniques in Killer Whales (Orcinus orca) Calves at Crozet Archipelago," *Canadian Journal of Zoology* 73(1995): 27– 33.

Vincent M. Janik, "Use of Mimicry on a Dolphin Community in the Wild," *Science* 289(2000): 1355–1357.

Vincent M. Janik, Laela S. Sayigh, and Randall S. Wells, "Signature Whistle Shape Conveys Identity Information to Bottlenose Dolphins," *Biological Sciences* 103(21, 2006): 8293–8297.

William C. McGrew, *Chimpanzee Material Culture* (Cambridge: Cambridge University Press, 1992).

Scott Norris, "Creatures of Culture? Making the Case for Cultural Systems in Whales and Dolphins," *Bioscience* 52(2002) 1: 9–14.

Greg M. O'Corry-Crowe, Robert S. Suydam, Andrew Rosenberg, Kathy J. Frost et Andrew E. Dizon, "Phylogeography, Population Structure and Dispersal Patterns of the Beluga Whale *Delphinapterus leaucas* in the Western Nearctic Revealed by Mitochondrial DNA," *Molecular Ecology* 6(1997): 955– 970.

Karen W. Pryor, John Lindbergh, Scott Lindbergh, et Raquel Milano, "A Dolphin-Human Fishing Cooperative in Brazil," *Marine Mammal Science* 6(1990): 77–82.

Luke Rendell et Hal Whitehead, "Culture in Whales and Dolphins," *Behavioural and Brain Science* 24(2001): 309–382.

Rachel Smolker, Andrew Richards, Richard Connor, Janet Mann, et Per Berggren, "Sponge Carrying by Dolphins (*Delphindae, Tursiops sp.*): A Foraging Specialization Involving Tool Use? *Ethology* 103 (1997): 454–465.

Andrew Whiten, Jane Goodall, William C. McGrew, Toshisada Nishida, Vernon Reynolds, Y. Sugiyama, Caroline E. G. Tutin, Richard W. Wrangham, et Christoph Boesch, "Cultures in Chimpanzees," *Nature* 399(1999): 682–685.

8. Aux racines de l'intelligence humaine

Giovanni Bearzi, Stefano Agazzi, Silvia Bonizzoni, Marina Costa, et Arianna Azzellino, "Dolphins in a Bottle: Abundance, Residency Patterns and Conservation of Bottlenose Dolphins *Tursiops truncatus* in the Semi-closed

Eutrophic Amvrakikos Gulf, Greece," *Aquatic Conservation: Marine and Freshwater Ecosystems* 17(2007).

Robin I. M. Dunbar, "Neocortex Size as a Constraint on Group Size in Primates," *Journal of Human Evolution* 20(1992): 469–493.

Robert A. Foley et Phyllis C. Lee, "Finite Social Space, Evolutionary Pathways and Reconstructing Hominid Behavior," *Science* 243(1989): 901–906.

Patrick R. Hof, Rebecca Chanis, et Lori Marino, "Cortical Complexity in Cetacean Brains," *The Anatomical Record Part A* 287A(2005): 1142–1152.

Donald C. Johanson, Owen C. Lovejoy, William H. Kimbel, Tim D. White, Steven C. Ward, Michael E. Bush, Bruce M. Latimer, et Yves Coppens, "Morphology of the Pliocene Partial Hominid Skeleton (AL 288–1) from the Hadar Formation, Ethiopia," *American Journal of Physical Anthropology* 57(1982): 403–452.

Margaret Klinowska, "Brains, Behaviour and Intelligence in Cetaceans (Whales, Dolphins and Porpoises)" in Orn D. Jonsson, ed., *Whales and Ethics* (Reykjavik: University of Iceland Press, 1992), pp. 23–37.

Louis Lefebvre, Lori Marino, Daniel Sol, Sebastien Lemieux-Lefebvre, et Saima Arshad, "Large Brains and Lengthened Life History Periods in Odontocetes," *Brain, Behavior and Evolution* 68(2006): 218– 228.

Owen C. Lovejoy, "The Evolution of Human Walking," *Scientic American* 259(1988): 118–125.

Lori Marino, "What Can Dolphins Tell Us about Primate Evolution?" *Evolutionary Anthropology* 5(1996): 73–110.

Eduardo Mercado III, Robert K. Uyeyama, Adam A. Pack, et Louis M. Herman, "Memory for Action Events in the Bottlenosed Dolphin," *Animal Cognition* 2(1999): 17–25.

Diana Reiss, Brenda McCowan, et Lori Marino, "Communicative and Other Cognitive Characteristics of Bottlenose Dolphins," *Trends in Cognitive Sciences* 1(4, 1997): 123–156.

John E. Reynolds III et Sentinel A. Rommel, eds., *Biology of Marine Mammals* (Washington, DC: Smithsonian Institution Press, 1999).

Craig B. Stanford, *Upright* (Boston: Houghton-Mifin, 2003).

"Hans" J. G. M. Thewissen, Martin J. Cohn, Lauren S. Stevens, Sunil Bajpai, John Heyning, et Walter E. Horton Jr., "Developmental Basis for Hind-Limb Loss in Dolphins and Origin of the Cetacean Bodyplan," *Proceedings of the National Academy of Sciences* USA 103(22, 2006): 8414–8418.

Conclusion

Giovanni Bearzi, Elena Politi, Stefano Agazzi, Sebastiano Bruno, Marina Costa, et Silvia Bonizzoni, "Occurrence and Present Status of Coastal Dolphins

(Delphinus delphis and Tursiops truncatus) in the Eastern Ionian Sea," *Aquatic Conservation: Marine Freshwater Ecosystems* 15(2005): 243–257.

Marc Bekoff, *Minding Animals: Awareness, Emotions, and Heart* (Oxford: Oxford University Press, 2002).

Elizabeth L. Bennett, Richard G. Ruggiero, Heather E. Eves, Nathalie D. Bailey, et Andrew W. Tobiason, "Case Study 8.2, The Bushmeat Crisis: Approaches for Conservation" in Martha J. Broom, Gary K. Meffe, and C. Ronald Carroll, eds., *Principles of Conservation Biology*, 3rd ed. (Sunderland, MA: Sinauer, 2006).

Heather E. Eves, "The Sustainability of the Bushmeat Trade in Africa and around the Globe: Conict, Consensus and Collaboration," *Proceedings of IFAW Forum 2005—Wildlife Conservation: In Pursuit of Ecological Sustainability*, International Fund for Animal Welfare.

Tony Frohoff et Brenda Peterson, eds., *Between Species: Celebrating the Dolphin-Human Bond* (San Francisco: Sierra Club Books, 2003).

Jeremy B. C. Jackson, Michael X. Kirby, Wolfgang H. Berger, Karen A. Bjorndal, Louis W. Botsford, Bruce J. Bourque, Roger H. Bradbury, Richard Cooke, Jon Erlandson, James A. Estes, Terence P. Hughes, Susan Kidwell, Carina B. Lange, Hunter S. Lenihan, John M. Pandol, Charles H. Peterson, Robert S. Steneck, Mia J. Tegner, Robert R. Warner, "Historical Overshing and the Recent Collapse of Coastal Ecosystems", *Science* 293(2001): 629–638.

Frank T. Kenneth, Brian Petrie, Jae S. Choi, et William C. Leggett, "Trophic Cascades in a Formerly CodDominated Ecosystem," *Science* 308(2005): 1621– 1623.

Charles J. Moore, Shelly L. Moore, Molly K. Leecaster et Stephen B. Weisberg, "A Comparison of Plastic and Plankton in the North Pacic Central Gyre," *Marine Pollution Bulletin* 42(12, 2001): 120– 124.

Elliott A. Norse et Larry B. Crowder, eds., *Marine Conservation Biology: The Science of Maintaining the Sea's Biodiversity* (Washington, DC: Island Press, 2005).

Daniel Pauly, Villy Christensen, Johanne Dalsgaard, Rainer Froese et Francisco F. Torres Jr., "Fishing Down Marine Food Webs," *Science* 279(1998): 860– 863.

Craig B. Stanford, "Gorilla Warfare," *The Sciences* (July/ August, 1999): 18–23.

Sergi Tudela, Abdelouahed Kai Kai, Francesc Maynou, Mohamed El Andalossi, et Paolo Guglielmi, "Driftnet Fishing and Biodiversity Conservation: The Case Study of the Large-Scale Moroccan Driftnet Fleet Operating in the Alboran Sea (SW Mediterranean)," *Biological Conservation* 121(2005): 65– 78.

John R. Twiss Jr. et Randall R. Reeves, eds., *Conservation and Management of Marine Mammals* (Washington, DC: Smithsonian Institution Press, 1999).

Magdalena : à Charlie
Craig : à Erin

Remerciements

Il y a dans la vie peu de vocations aussi gratifiantes que l'étude du comportement animal, et moins encore qui comportent autant d'obstacles à franchir avant d'en mesurer le succès. Même si l'animal est le sujet central de notre travail, c'est paradoxalement l'élément humain, omniprésent, qui va avoir tendance à en dicter la réussite ou l'échec. À chaque étape, on a besoin des autorités de l'État pour nous aider et nous soutenir, des bienfaiteurs pour nous financer, des directeurs de programmes pour nous attribuer des allocations, ainsi que de la population locale, des collègues, des amis et de la famille. Nous leur en sommes profondément reconnaissants pour tout le soutien qu'ils nous ont apporté durant ces décennies.

Maddalena remercie...

Dans le monde académique, je désire remercier William Hamner, Michael Scott et John Heyning qui nous ont quittés et nous manquent profondément. Je remercie aussi mon cher ami Dan Blumenstein pour ses suggestions et ses précieuses remarques lors des dernières étapes de ce livre et pour nos charmantes discussions au cours de nombreux dîners à la maison.

Je désire remercier tous les organismes qui ont soutenu ma recherche dans diverses parties du monde, dont Ocean Conservation Society, Europe Conservation, le Tethys Research Institute, la UCLA Mentor Research Program Fellowship, la Coastal Environmental Quality Initiative Fellowship, la American Cetacean Society, le Natural History Museum of Los Angeles County et la Santa Monica Bay Restoration Foundation.

Ma profonde estime va aussi à mon personnel et aux volontaires dont beaucoup sont devenus des amis : Paul Ahuja, Joanna Arlukiewicz, Andrea Bachman, Celia Barroso, Jennifer Bass, Andrea Cardinali, Travis Davis, Jon Feenstra, Alice Hwang, Karyn Jones, Bettina Lynch, Mallory Mattox, Peter Mendel, Michael Navarro, Lisa Openshaw, Daphne Osell, Silvia Papparello, Shana Rapoport, Monica Varallo, et les autres qui m'ont aidée dans le Yucatan Project et le Los Angeles Dolphin Project, ces huit dernières années. Mes remerciements aussi à mes amis et collègues Fabrizio Borsani, Enrique Duhne et Daniela Maldini.

Mon mari Charlie, qui a toute mon affection et auquel ce livre est dédié, a été mon meilleur ami, mon compagnon sur le terrain et à la maison, l'inspiration et le soutien de mon travail et mon assistant dans la rédaction de ce livre. Il a passé un nombre incalculable de jours à lire, revoir et améliorer ce livre de sorte qu'un lecteur anglophone puisse le comprendre à partir de ma langue d'origine, l'italien. Sans lui, ce livre n'aurait jamais abouti et c'est à lui que vont ma gratitude et mon amour les plus profonds.

Je veux aussi exprimer toute ma reconnaissance à mon frère Giovanni, cétologue comme moi, pour tout le temps qu'il a passé à soigneusement revoir mes brouillons, à mes parents pour m'avoir instillé dès l'enfance un amour et un enthousiasme profonds pour la nature, et à ma « tante » Marcy pour son étroite amitié.

Un remerciement spécial aussi à mon co-auteur Craig Stanford, un ami et un collègue patient, pour son excellent travail dans ce livre.

Craig remercie...

Depuis le début des années 1990 et pour deux études de terrain distinctes sur les grands singes, ma reconnaissance va aux personnes sur place qui ont travaillé en tant qu'assistants ou gardes, et sans lesquels cette recherche n'aurait pu se faire. Mieux, beaucoup d'entre eux ont été de proches amis et des confidents durant ces mois d'isolement dans les forêts africaines. Je remercie donc le garde chef à Bwindi Keith Masana, Evarist Mbonigaba, le garde chef Christopher Oreyema, et Gervase Tumwebaze ; à Gombe, le garde chef Peter Msuya, Stephan Qolli et Dattomax Selenyika ; Alnazir Haji Mohammed, John Dota, Eslom Mpongo, Hamisi Mkono, Yahaya Almasi, Selemani Yahaya, Gabo Paulo, Bruno Herman, feu Msafiri Katoto, Issa Salala, feu David Mussa, Karoli Alberto, Hilali Matama, Tofficki Mikidaddi, Madua Juma, Nasibu Sadiki, and Methodi Vyampi. John Bosco Nkurunungi a été d'un grand secours durant ses études à Bwindi.

Je suis aussi reconnaissant pour les généreux financements qui m'ont permis de mener ma recherche, notamment de la National Geographic Society, de la Gren Foundation for Anthropological Research, de la Fulbright Foundation, de la L.S.B. Leakey Foundation, de la National Science Foundation, de Primate Conservation, Inc., et du Jane Goodall Research Center de l'Université de Caroline du Sud. Le gouvernement de l'Ouganda, notamment la Ugandan Wildlife Authority et le Uganda National Council for Science and Technology, m'ont autorisé à travailler en Ouganda. Les bureaux des Tanzania National Parks de le Serengeti Wildlife Research Institute m'ont accordé les autorisations de recherches sur le terrain en Tanzanie.

Une immense aide est aussi venue de la communauté des collègues expatriés d'une manière officielle ou pas : Anthony Collins et Janette Wallis à Gombe, Mitchell Keiver et Alastair McNeilage, Richard Malenky, Martha Robbins, et Nancy Thompson-Handler à Bwindi. Je suis également extrêmement reconnaissant à William C. McGrew, John S. Allen, Christopher Boehm, Nayuta Yamashita, Erin Moore, et beaucoup d'autres pour leur rôle constructif et formateur à long terme dans la lecture et la correction de presque tout ce que j'ai écrit.

Et du côté foyer, je suis, comme toujours, profondément reconnaissant pour leur soutien à Erin, Adam, Marika et Gaelen, ma famille.

Nous exprimons tout deux notre reconnaissance à Michael Fisher qui s'est occupé de notre manuscrit et aux personnes anonymes qui ont passé en revue ce livre.

Index

W

Y

Z

Table des matières

www.ingramcontent.com/pod-product-compliance
Lightning Source LLC
LaVergne TN
LVHW010930061026
849535LV00007B/2333

* 9 7 8 2 1 0 0 5 2 3 9 6 2 *